FY NODIADAU ADOLYGU

CBAC

UG

BIOLEG

Dan Foulder

Boost

HODDER
EDUCATION
AN HACHETTE UK COMPANY

Fy Nodiadau Adolygu: CBAC UG Bioleg

Addasiad Cymraeg o WJEC/*Eduqas AS/A-level Year 1 Biology* a gyhoeddwyd yn 2021 gan Hodder Education

Cyhoeddwyd dan nawdd Cynllun Adnoddau Addysgu a Dysgu CBAC

Gwnaed pob ymdrech i gysylltu â'r holl ddeiliaid hawlfraint, ond os oes unrhyw rai wedi'u hesgeuluso'n anfwriadol, bydd y cyhoeddwyr yn falch o wneud y trefniadau angenrheidiol ar y cyfle cyntaf.

Er y gwnaed pob ymdrech i sicrhau bod cyfeiriadau gwefannau yn gywir adeg mynd i'r wasg, nid yw Hodder Education yn gyfrifol am gynnwys unrhyw wefan y cyfeirir ati yn y llyfr hwn. Weithiau mae'n bosibl dod o hyd i dudalen we a adleolwyd trwy deipio cyfeiriad tudalen gartref gwefan yn ffenestr LlAU (URL) eich porwr.

Polisi Hachette UK yw defnyddio papurau sy'n gynhyrchion naturiol, adnewyddadwy ac ailgylchadwyogoed a dyfwyd mewn coedwigoedd sydd wedi eu rheoli'n dda, a ffynonellau eraill a reolir. Disgwylir i'r prosesau torri coed a gweithgynhyrchu gydymffurfio â rheoliadau amgylcheddol y wladymae'r cynnyrch yn tarddu ohoni.

Archebion: cysylltwch â Hachette UK Distribution, Hely Hutchinson Centre, Milton Road, Didcot, Oxfordshire, OX11 7HH. Ffôn: +44 (0)1235 827827. E-bost: education@hachette.co.uk. Mae'r llinellau ar agor rhwng 9.00 a 17.00 o ddydd Llun i ddydd Gwener. Gallwch hefyd archebu trwy wefan Hodder Education: www.hoddereducation.co.uk.

ISBN 978 1 3983 8606 8

Cyhoeddwyd gyntaf yn 2021 gan
Hodder Education
an Hachette UK Company
Carmelite House
50 Victoria Embankment
London EC4Y 0DZ

Llun y clawr © Eric Isselée – stock.adobe.com

Teiposodwyd gan Aptara, India

Argraffwyd yn y DU

Mae cofnod catalog y teitl hwn ar gael gan y Llyfrgell Brydeinig.

Gwneud y gorau o'r llyfr hwn

Mae'n rhaid i bawb benderfynu ar ei strategaeth adolygu ei hun, ond mae'n hanfodol edrych eto ar eich gwaith, ei ddysgu a phrofi eich dealltwriaeth. Bydd y Nodiadau Adolygu hyn yn eich helpu chi i wneud hynny mewn ffordd drefnus, fesul testun. Defnyddiwch y llyfr hwn fel sail i'ch gwaith adolygu — gallwch chi ysgrifennu arno i bersonoli eich nodiadau a gwirio eich cynnydd drwy roi tic yn ymyl pob adran wrth i chi adolygu.

Ticio i dracio eich cynnydd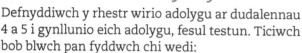

Defnyddiwch y rhestr wirio adolygu ar dudalennau 4 a 5 i gynllunio eich adolygu, fesul testun. Ticiwch bob blwch pan fyddwch chi wedi:
+ adolygu a deall testun
+ profi eich hun
+ ymarfer y cwestiynau enghreifftiol a mynd i'r wefan i wirio eich atebion

Gallwch chi hefyd gadw trefn ar eich adolygu drwy roi tic wrth ymyl pennawd pob testun yn y llyfr. Efallai y bydd yn ddefnyddiol i chi wneud eich nodiadau eich hun wrth i chi weithio drwy bob testun.

Nodweddion i'ch helpu chi i lwyddo

Cyngor

Rydyn ni'n rhoi cyngor gan arbenigwyr drwy'r llyfr cyfan i'ch helpu chi i wella eich techneg arholiad er mwyn rhoi'r cyfle gorau posibl i chi yn yr arholiad.

Sgiliau ymarferol

Mae'r rhain yn annog ymagwedd ymchwiliol at y gwaith ymarferol sy'n ofynnol ar gyfer eich cwrs.

Profi eich hun

Cwestiynau byr yw'r rhain sy'n gofyn am wybodaeth, a dyma'r cam cyntaf i chi brofi faint rydych chi wedi'i ddysgu.

Diffiniadau a thermau allweddol

Rydyn ni'n rhoi diffiniadau clir a chryno o dermau allweddol hanfodol pan fyddan nhw'n ymddangos am y tro cyntaf.

Cysylltiadau

Mae'r rhain yn nodi cysylltiadau penodol rhwng testunau ac yn dweud wrthych chi sut bydd adolygu'r rhain yn eich helpu chi i ateb cwestiynau'r arholiad.

Sgiliau mathemategol

Bydd yr enghreifftiau wedi'u datrys a'r cwestiynau ymarfer yn eich helpu chi i ddatblygu eich hyder a'ch gallu.

Gweithgareddau adolygu

Bydd y gweithgareddau hyn yn eich helpu chi i ddeall pob testun mewn ffordd ryngweithiol.

Cwestiynau enghreifftiol

Rydyn ni'n rhoi cwestiynau enghreifftiol ar gyfer pob testun. Defnyddiwch nhw i atgyfnerthu eich adolygu ac i ymarfer eich sgiliau arholiad.

Crynodebau

Mae'r crynodebau yn rhoi rhestr o bwyntiau bwled i'w gwirio'n gyflym ar gyfer pob testun.

Gwefan

Ewch i'r wefan ganlynol i wirio eich atebion i'r cwestiynau 'Profi eich hun', y cwestiynau ymarfer a'r cwestiynau enghreifftiol: **www. hoddereducation.co.uk/fynodiadauadolygu**

Fy rhestr wirio adolygu

ADOLYGU   PROFI   YN BAROD AM YR ARHOLIAD

Gallwch chi wirio eich atebion yma: www.hoddereducation.co.uk/fynodiadauadolygu

Uned 2 Bioamrywiaeth a ffisioleg systemau'r corff

7 Mae organebau yn perthyn i'w gilydd drwy hanes esblygiadol

8 Addasiadau ar gyfer cyfnewid nwyon

9 Addasiadau ar gyfer cludiant

10 Addasiadau ar gyfer maethiad

Atebion:
www.hoddereducation.co.uk/fynodiadauadolygu

Y cyfnod cyn yr arholiadau

6–8 wythnos i fynd

+ Dechreuwch drwy edrych ar y fanyleb – gwnewch yn siŵr eich bod chi'n gwybod yn union pa ddeunydd y mae angen i chi ei adolygu a beth yw arddull yr arholiad. Defnyddiwch y rhestr wirio adolygu ar ddudalennau 4 a 5 i ddod yn gyfarwydd â'r testunau.

+ Trefnwch eich nodiadau, gan wneud yn siŵr eich bod chi wedi cynnwys popeth sydd ar y fanyleb. Bydd y rhestr wirio adolygu yn eich helpu chi i grwpio eich nodiadau fesul testun.

+ Lluniwch gynllun adolygu realistig a fydd yn caniatáu amser i chi ymlacio. Dewiswch ddyddiau ac amseroedd ar gyfer pob pwnc y mae angen i chi ei astudio, a chadwch at eich amserlen.

+ Gosodwch dargedau call i chi eich hun. Rhannwch eich amser adolygu yn sesiynau dwys o tua 40 munud, gydag egwyl ar ôl pob sesiwn. Mae'r Nodiadau Adolygu hyn yn trefnu'r ffeithiau sylfaenol yn adrannau byr, cofiadwy er mwyn gwneud adolygu'n haws.

ADOLYGU ⚪

2–6 wythnos i fynd

+ Darllenwch drwy rannau perthnasol y llyfr hwn a chyfeiriwch at y blychau Cyngor, y Crynodebau a'r Termau allweddol. Ticiwch y testunau pan fyddwch chi'n teimlo'n hyderus amdanyn nhw. Amlygwch y testunau hynny sy'n anodd i chi ac edrychwch arnyn nhw eto'n fanwl.

+ Profwch eich dealltwriaeth o bob testun drwy weithio trwy'r cwestiynau 'Profi eich hun' yn y llyfr. Mae'r atebion ar gael ar y wefan: **www.hoddereducation. co.uk/fynodiadauadolygu**.

+ Gwnewch nodyn o unrhyw faes sy'n achosi problem wrth i chi adolygu, a gofynnwch i'ch athro roi sylw i'r rhain yn y dosbarth.

+ Edrychwch ar gyn-bapurau. Dyma un o'r ffyrdd gorau i chi adolygu ac ymarfer eich sgiliau arholiad. Ysgrifennwch neu paratowch gynlluniau o atebion i'r cwestiynau enghreifftiol sydd yn y llyfr hwn. Gwiriwch eich atebion ar y wefan: **www.hoddereducation. co.uk/fynodiadauadolygu**

+ Rhowch gynnig ar ddulliau adolygu gwahanol. Er enghraifft, gallwch chi wneud nodiadau gan ddefnyddio mapiau meddwl, diagramau corryn neu gardiau fflach.

+ Defnyddiwch y rhestr wirio adolygu i dracio eich cynnydd a rhowch wobr i'ch hun ar ôl cyflawni eich targed.

ADOLYGU ⚪

Wythnos i fynd

+ Ceisiwch gael amser i ymarfer cyn-bapur cyfan wedi'i amseru, o leiaf unwaith eto a gofynnwch i'ch athro am adborth. Cymharwch eich gwaith yn fanwl â'r cynllun marcio.

+ Gwiriwch y rhestr wirio adolygu i wneud yn siŵr nad ydych chi wedi gadael unrhyw destunau allan. Ewch dros unrhyw feysydd sy'n anodd i chi drwy eu trafod gyda ffrind neu gael help gan eich athro.

+ Dylech chi fynd i unrhyw ddosbarthiadau adolygu y mae eich athro yn eu cynnal. Cofiwch, mae eich athro yn arbenigwr ar baratoi pobl ar gyfer arholiadau.

Y diwrnod cyn yr arholiad

+ Ewch drwy'r Nodiadau Adolygu hyn yn gyflym i'ch atgoffa eich hun o bethau defnyddiol, er enghraifft y blychau Cyngor, y Crynodebau a'r Termau allweddol.

+ Gwiriwch amser a lleoliad eich arholiad.

+ Gwnewch yn siŵr bod gennych chi bopeth sydd ei angen – beiros a phensiliau ychwanegol, hancesi papur, oriawr, potel o ddŵr, losin.

+ Cofiwch adael rhywfaint o amser i ymlacio ac ewch i'r gwely'n gynnar i sicrhau eich bod chi'n ffres ac yn effro ar gyfer yr arholiadau.

Fy arholiadau

Bioleg UG Papur 1

Dyddiad:..

Amser:...

Lleoliad:...

Bioleg UG Papur 2

Dyddiad:..

Amser:...

Lleoliad:...

Gallwch chi wirio eich atebion yma: **www.hoddereducation.co.uk/fynodiadauadolygu**

Cynllun yr arholiad

Mae'r llyfr hwn yn rhoi sylw i gymhwyster Bioleg UG CBAC.

CBAC

Uned	Teitl yr uned	Marciau	Pwysoliad yr uned fel canran o'r cymhwyster UG
UG Uned 1	Biocemeg sylfaenol a threfniadaeth celloedd	80	50% (20% o'r cwrs Safon Uwch llawn)
UG Uned 2	Bioamrywiaeth a ffisioleg systemau'r corff	80	50% (20% o'r cwrs Safon Uwch llawn)

Manylion asesu

Mae dwy uned yn y cymhwyster UG, sef UG Uned 1 ac UG Uned 2. Mae Unedau 1 a 2 UG yn cael eu hasesu mewn arholiadau ysgrifenedig sy'n para 90 munud yr un ac yn werth 80 marc. Mae pob papur yn cynnwys amrywiaeth o gwestiynau strwythuredig gorfodol byr a hirach ac un ymateb estynedig, sy'n werth 9 marc.

Trosolwg

Mae cysyniadau Uned 1 yn sylfaenol ac yn tanategu holl gwrs Safon Uwch bioleg. Mae'n bosibl y caiff eich dealltwriaeth o rai o'r egwyddorion yn Uned 1 eu harchwilio eto mewn unedau diweddarach.

Mae pob testun yn cynnwys gwaith ymarferol penodol y mae'n rhaid i chi ei gwblhau ac y gellid gofyn cwestiynau amdano yn yr arholiad. Mae hyn yn aml yn rhoi cyfleoedd i arholwyr i asesu eich sgiliau mathemategol yn ogystal â'ch sgiliau ymarferol. Er enghraifft, wrth astudio agweddau ar ffisioleg mamolion, fel yr aren a'r system nerfol, efallai y byddwch chi'n arsylwi sleidiau microsgop o wahanol feinweoedd ac organau. Gall arholwyr ddefnyddio ffotomicrograffau neu luniadau o'r meinweoedd a'r organau hyn a gofyn cwestiynau am swyddogaethau'r ffurfiadau sydd i'w gweld. Gallan nhw hefyd ofyn i chi gyfrifo maint gwirioneddol ffurfiadau yn y ddelwedd, neu gyfrifo chwyddhad y ddelwedd; dylech chi fod wedi gwneud y ddau o'r rhain yn ystod eich blwyddyn gyntaf yn astudio Safon Uwch.

1 Elfennau cemegol a chyfansoddion biolegol

Mae disgyblion yn aml yn gweld y testun hwn yn heriol, ond mae'n bwysig dyfalbarhau, a gallwch chi ennill marciau'n eithaf rhwydd yn yr arholiad drwy ateb cwestiynau ar y testun hwn. Mae'r pethau byddwch chi'n eu dysgu yn y testun hwn hefyd yn hanfodol i lawer o'r testunau byddwch chi'n eu hastudio ar gyfer Safon UG ac Uwch. Yn y testun hwn, yn gyntaf rydyn ni'n mynd i edrych ar bwysigrwydd biolegol dŵr a rhai ïonau anorganig allweddol. Yna, byddwn ni'n symud ymlaen at y tri phrif ddosbarth o foleciwlau biolegol y mae angen i chi eu hastudio: carbohydradau, lipidau a phroteinau.

Mae dŵr yn hanfodol i'r holl fywyd ar y Ddaear

Adeiledd cemegol y moleciwl dŵr sy'n achosi priodweddau dŵr. Mewn moleciwlau dŵr, mae dau atom hydrogen yn ffurfio bondiau cofalent ag un atom ocsigen.

> **Cyngor**
>
> Mae rhai disgyblion yn cymysgu'r termau atom a moleciwl wrth ddisgrifio dŵr. Gwnewch yn siŵr nad ydych chi'n gwneud gwallau syml fel hyn yn eich atebion.

Mae dŵr yn foleciwl polar oherwydd bod ganddo ddosbarthiad gwefr sydd ychydig bach yn anwastad

ADOLYGU

Mae ychydig bach o wefr bositif ar yr atomau hydrogen yn y moleciwl dŵr, ac mae ychydig bach o wefr negatif ar yr atom ocsigen; felly mae'r moleciwl yn ddeupol/polar.

Gan fod y dosbarthiad gwefr ychydig bach yn anwastad, mae **bondiau hydrogen** yn gallu ffurfio rhwng yr atom hydrogen mewn un moleciwl dŵr a'r atom ocsigen mewn moleciwl dŵr arall.

Mae'r bondiau hydrogen yn creu grym o'r enw cydlyniad, sy'n 'glynu' y moleciwlau dŵr at ei gilydd. Mae Ffigur 1.1 yn dangos bondio hydrogen rhwng moleciwlau dŵr.

> **Moleciwl polar**
> Moleciwl lle mae dosbarthiad y wefr yn anwastad.

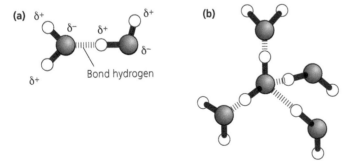

Ffigur 1.1 (a) Y gwefrau ar foleciwlau dŵr; (b) clwstwr o foleciwlau dŵr

Gallwch chi wirio eich atebion yma: **www.hoddereducation.co.uk/fynodiadauadolygu**

Y grymoedd cydlyniad sy'n gyfrifol am y canlynol:

+ **Tyniant arwyneb** uchel dŵr a'r ffordd mae 'croen' yn ffurfio yn y man lle mae'r dŵr yn cwrdd â'r aer. Mae'r croen hwn yn caniatáu i rai organebau, fel rhianedd y dŵr (*pond skaters*) a basilisgiaid, gerdded ar ddŵr yn llythrennol.
+ Cludiant colofnau hir o ddŵr i fyny'r sylem yng nghoesyn planhigion fel rhan o'r llif trydarthol.

Cysylltiadau

Mae'r grymoedd cydlyniad rhwng y moleciwlau dŵr yn caniatáu i ddŵr gael ei gludo yn y llif trydarthol o'r gwreiddiau, i fyny'r sylem yn y coesyn ac i'r dail. Mae moleciwlau dŵr yn cael eu colli drwy drydarthiad o'r stomata. Mae hyn yn rhoi tyniant ar y llif o foleciwlau dŵr, gan eu tynnu i fyny'r sylem. Dyma'r ddamcaniaeth cydlyniad–tyniant.

Mae dŵr yn hydoddydd cyffredinol: mae'n hydoddi amrywiaeth eang o hydoddion

ADOLYGU

Mae gallu dŵr i hydoddi llawer o wahanol hydoddion yn briodwedd bwysig oherwydd:

+ mae'n golygu bod adweithiau cemegol yn gallu digwydd mewn hydoddiant
+ mae'n gwneud cludiant y tu mewn i organebau byw yn llawer haws – mae hydoddion fel glwcos yn gallu hydoddi, er enghraifft yn y gwaed, cyn cael eu cludo o gwmpas organeb

Cysylltiadau

Mae dŵr hefyd yn fetabolyn mewn llawer o adweithiau. Mae'n gynnyrch i resbiradaeth ac yn adweithydd i ffotosynthesis.

Mae gan ddŵr gynhwysedd gwres sbesiffig uchel iawn

ADOLYGU

Mae cynhwysedd gwres sbesiffig uchel yn golygu bod angen llawer o egni i godi tymheredd corff o ddŵr. Mae hyn yn bwysig mewn celloedd oherwydd ei fod yn golygu bod angen swm cymharol fawr o wres i gynyddu tymheredd cell. Felly, mae'r gell yn gallu cynnal tymheredd mewnol cymharol sefydlog.

Mae cynhwysedd gwres sbesiffig uchel dŵr hefyd yn bwysig mewn cyrff o ddŵr fel llynnoedd a phyllau. Mae'n golygu bod y dŵr yn darparu amgylchedd cymharol sefydlog i anifeiliaid dyfrol.

Mae gan ddŵr wres cudd anweddu uchel

ADOLYGU

Mae gwres cudd anweddu uchel yn golygu bod angen swm cymharol fawr o egni i droi dŵr o fod yn hylif i fod yn nwy. Mae hyn yn bwysig i organebau byw oherwydd bod anweddiad dŵr (e.e. wrth chwysu) yn cymryd egni oddi wrth y croen ac yn achosi effaith oeri.

Cyngor

Mae disgyblion yn aml yn cymysgu rhwng gwres cudd uchel dŵr a'i gynhwysedd gwres sbesiffig uchel. Gwnewch yn siŵr eich bod chi'n sicr am y gwahaniaeth rhwng y ddau derm hyn, yn enwedig mewn cwestiynau ateb hir neu AYE.

Mae dŵr yn dryloyw ac mae ei ddwysedd yn gymharol isel mewn cyflwr solid

ADOLYGU

Mae gan ddŵr solid ddwysedd is na dŵr hylifol. Felly, mae iâ solid yn arnofio ar ddŵr hylifol. Mae'r iâ yn darparu haen ynysol ar ben corff o ddŵr. Mae tymheredd y dŵr hylifol o dan yr iâ solid yn uwch na thymheredd yr aer uwch ei ben, felly gall organebau dyfrol oroesi hyd yn oed os yw'r dŵr ar yr arwyneb wedi rhewi. Mae tryloywder dŵr hefyd yn bwysig i organebau dyfrol. Mae'n caniatáu i ddŵr deithio drwyddo, sy'n golygu bod organebau dyfrol fel planhigion ac algâu yn gallu cyflawni ffotosynthesis.

Profi eich hun

PROFI

1 Esboniwch bwysigrwydd biolegol grymoedd cydlyniad rhwng moleciwlau dŵr.
2 Esboniwch fantais gwres cudd uchel dŵr i organebau.
3 Pa briodwedd sydd gan ddŵr sy'n golygu bod tymheredd mewnol celloedd yn gymharol gyson?
4 Esboniwch pam rydyn ni'n dweud bod dŵr yn hydoddydd cyffredinol.

Mae gan ïonau anorganig amrywiaeth o swyddogaethau mewn organebau byw

Yr ïonau anorganig allweddol yw:

+ calsiwm, Ca^{2+} – sy'n cael ei ddefnyddio i gryfhau esgyrn a dannedd
+ haearn, Fe^{2+} – un o gydrannau haemoglobin, sy'n cael ei ddefnyddio i rwymo ag ocsigen yng nghelloedd coch y gwaed
+ magnesiwm, Mg^{2+} – sy'n cael ei ddefnyddio i ffurfio'r pigment ffotosynthetig gwyrdd cloroffyl
+ ffosffad, PO_4^{3-} – sy'n cael ei ddefnyddio i ffurfio ffosffolipidau, un o gydrannau pilenni plasmaidd celloedd

Cysylltiadau

Mae gwefr ar ïonau anorganig, fel y rhai sydd wedi'u rhestru yma, felly dydyn nhw ddim yn gallu mynd trwy haen ddeuol y ffosffolipid. Mae'n rhaid iddyn nhw symud trwy broteinau cludo neu broteinau sianel drwy gyfrwng trylediad cynorthwyedig neu gludiant actif.

Cyngor

Gwnewch yn siŵr eich bod chi'n ateb cwestiynau arholiad yn fanwl gywir. Wrth ateb cwestiwn mewn arholiad yn y gorffennol, dywedodd nifer o ddisgyblion fod magnesiwm mewn cloroplastau, ond doedd yr ateb hwn ddim yn ddigon manwl. I gael y marc mae angen dweud bod ïonau magnesiwm mewn cloroffyl. Mewn cwestiwn arholiad arall, nid oedd marc yn cael ei roi am ysgrifennu 'mae calsiwm yn gwneud dannedd'. Roedd rhaid i ddisgyblion ddweud bod calsiwm yn *cryfhau* y dannedd.

Mae moleciwlau monomer yn uno â'i gilydd i wneud polymerau

Mae carbohydradau a phroteinau yn ffurfio polymerau. Moleciwl mawr yw polymer sydd wedi'i wneud o lawer o unedau sy'n ailadrodd o'r enw monomerau. Mae polymerau'n ffurfio mewn adweithiau polymeru, lle mae monomerau'n uno â'i gilydd i wneud polymer.

Adweithiau cyddwyso yw'r adweithiau polymeru sy'n uno'r monomerau â'i gilydd i ffurfio polymer. Mae adweithiau cyddwyso hefyd yn cynhyrchu moleciwl bach arall – dŵr fel arfer. Mae adweithiau hydrolysis yn gwneud y gwrthwyneb ac yn defnyddio dŵr i dorri'r bondiau mewn polymer, gan ryddhau'r monomerau.

Monomer Un moleciwl sydd yn uned sy'n ailadrodd mewn polymer.

Polymer Moleciwl mawr sydd wedi'i wneud o unedau sy'n ailadrodd o'r enw monomerau.

Adwaith cyddwyso Adwaith lle mae dau foleciwl yn cyfuno i ffurfio un moleciwl, fel arfer gan golli moleciwl bach (e.e. dŵr).

Adwaith hydrolysis Adwaith lle mae dŵr yn cael ei fewnosod yn gemegol er mwyn torri bond.

Gallwch chi wirio eich atebion yma: www.hoddereducation.co.uk/fynodiadauadolygu

Mae carbohydradau yn cynnwys carbon, hydrogen ac ocsigen

Mae carbohydradau yn gemegion pwysig iawn mewn bioleg. Maen nhw'n amrywio o siwgrau syml fel glwcos i bolymerau mawr, cymhleth fel citin.

Mae'n bwysig gwybod nifer y bondiau mae atomau carbon, hydrogen ac ocsigen yn eu ffurfio mewn moleciwl. Bydd y wybodaeth hon yn caniatáu i chi wirio unrhyw ddiagramau adeileddol rydych chi wedi'u lluniadu i wneud yn siŵr eu bod nhw'n gywir.

Cofiwch:
+ mae atomau carbon yn ffurfio pedwar bond
+ mae hydrogen yn ffurfio un bond
+ mae atomau ocsigen yn ffurfio dau fond

Monosacaridau yw uned sylfaenol carbohydradau

ADOLYGU

Mae gan bob monosacarid y fformiwla gyffredinol $C_nH_{2n}O_n$. Felly, mae gan fonosacarid yr un nifer o atomau carbon ag atomau ocsigen, a dwywaith cymaint o atomau hydrogen ag atomau carbon.

Gallwn ni ddosbarthu monosacaridau yn ôl nifer yr atomau carbon sydd ynddyn nhw:
+ tri atom carbon – siwgrau trios
+ pum atom carbon – siwgrau pentos (e.e. deocsiribos sydd mewn DNA)
+ chwe atom carbon – siwgrau hecsos (e.e. glwcos)

Rydyn ni'n mynd i ganolbwyntio ar y siwgrau hecsos, yn enwedig glwcos. Mae ffrwctos a galactos yn siwgrau hecsos eraill.

Glwcos yw'r monomer ar gyfer llawer o wahanol bolysacaridau. Mae hefyd yn cael ei ddefnyddio yn ystod resbiradaeth i gynhyrchu ATP (y cyfnewidiwr egni cyffredinol sy'n cael ei ddefnyddio mewn celloedd). Mae gan glwcos ddau isomer:
+ alffa glwcos
+ beta glwcos

Moleciwlau sydd â'r un fformiwla gemegol ond adeiledd gwahanol yw isomerau. Mae Ffigur 1.2 yn dangos dau isomer glwcos. Mae'n bosibl lluniadu glwcos ar ffurf linol, ond rydyn ni bron bob amser yn ei ddangos fel adeiledd cylch, fel yn Ffigur 1.2.

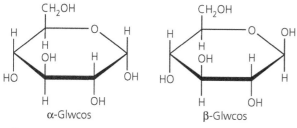

Ffigur 1.2 Isomerau glwcos

Y gwahaniaeth rhwng alffa a beta glwcos yw trefniant gwahanol yr H a'r OH (grŵp hydrocsyl) ar atom carbon 1.

Mae deusacaridau yn ffurfio o ddau fonosacarid

Mae deusacarid yn ffurfio mewn adwaith cyddwyso. Yn yr adwaith cyddwyso hwn, mae moleciwl dŵr yn cael ei gynhyrchu wrth i'r bond ffurfio. Bond glycosidaidd 1–4 yw'r bond hwn. Mae hyn oherwydd ei fod yn ffurfio rhwng atom carbon 1 ac atom carbon 4.

Pan gaiff dau foleciwl glwcos eu cysylltu â bond glycosidaidd 1–4, mae'r deusacarid maltos yn ffurfio. Mae Ffigur 1.3 yn dangos yr adwaith hwn.

Ffigur 1.3 Ffurfio maltos a hydrolysu maltos

> **Cyngor**
>
> Mewn arholiadau yn y gorffennol, mae'r rhan fwyaf o'r disgyblion wedi ateb cwestiynau mwy syml am fiocemeg yn dda iawn. Mae hyn yn golygu ei bod hi'n bwysig gwneud yn siŵr eich bod chi wedi adolygu hyn oll yn drwyadl, i sicrhau eich bod yn ennill y marciau cymharol hawdd hyn.

Gallwn ni ddefnyddio adwaith hydrolysis i dorri'r bond cemegol sy'n ffurfio mewn adwaith cyddwyso. Mewn adwaith hydrolysis, mae'r bond yn cael ei dorri drwy fewnosod dŵr yn gemegol. Pan mae adwaith hydrolysis yn torri'r bond glycosidaidd mewn maltos, mae'n ffurfio dau foleciwl glwcos.

Mae Tabl 1.1 yn dangos y deusacaridau sy'n ffurfio wrth uno gwahanol fonosacaridau mewn adweithiau cyddwyso.

Tabl 1.1

Monosacaridau	Deusacarid
glwcos + glwcos	maltos
glwcos + ffrwctos	swcros
glwcos + galactos	lactos

Mae polysacaridau yn ffurfio o dri neu fwy o fonosacaridau

Polymer sy'n ffurfio o fonosacaridau yn ystod adweithiau cyddwyso yw polysacarid. Monosacaridau yw'r monomerau. Mae'r rhan fwyaf o bolysacaridau yn cynnwys miloedd o fonomerau.

> **Polysacarid** Tri neu fwy o fonosacaridau wedi'u cysylltu â bondiau glycosidaidd.

+ Yn gyffredinol, bydd polysacaridau yn gwneud gwaith adeileddol neu'n cael eu defnyddio i storio glwcos.
+ Mae maint mawr polysacaridau yn golygu eu bod nhw'n anhydawdd. Mae hyn yn bwysig er mwyn iddyn nhw allu cyflawni eu swyddogaethau.
+ Mae polysacaridau yn anadweithiol o ran osmosis. Mae hyn yn golygu eu bod nhw'n gallu cael eu storio mewn celloedd heb gael unrhyw effeithiau anffafriol ar osmosis, fel gostwng y potensial dŵr yn y gell, ac achosi i ddŵr symud i mewn drwy gyfrwng osmosis.
+ Mewn polysacaridau storio, mae'n bwysig ei bod hi'n hawdd tynnu glwcos o'r moleciwlau i'w ddefnyddio i resbiradu.

Gallwch chi wirio eich atebion yma: **www.hoddereducation.co.uk/fynodiadauadolygu**

Startsh a glycogen yw'r ddau brif bolysacarid storio

ADOLYGU

+ Mae **startsh** yn bolymer o fonomerau alffa glwcos. Mae gan startsh ddwy gydran, sef amylos ac amylopectin. Mae i'w gael mewn planhigion.
+ Mae amylos yn gadwyn o foleciwlau glwcos sydd wedi'u cysylltu â bondiau glycosidaidd 1–4 a'u ffurfio'n helics. Mae Ffigur 1.4 yn dangos adeiledd amylos.
+ Mae amylopectin yn cynnwys bondiau glycosidaidd 1–4 a bondiau glycosidaidd 1–6. Mae'r ddau fond gwahanol yn rhoi adeiledd canghennog i amylopectin. Mae Ffigur 1.5 yn dangos adeiledd amylopectin.

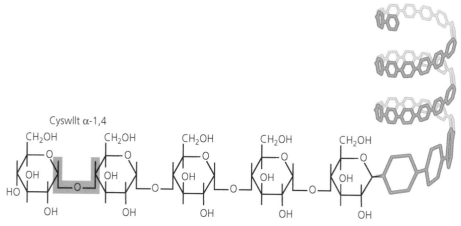

Ffigur 1.4 Adeiledd amylos

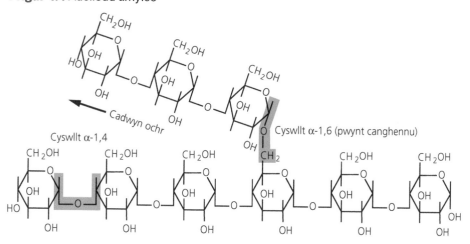

Ffigur 1.5 Adeiledd polysacaridau canghennog: amylopectin a glycogen

+ Mae **glycogen** yn bolymer o fonomerau alffa glwcos. Fel amylopectin, mae'n cynnwys bondiau glycosidaidd 1–4 a bondiau glycosidaidd 1–6, felly mae ganddo adeiledd canghennog. Mae anifeiliaid yn defnyddio glycogen i storio glwcos. Mae i'w gael mewn celloedd cyhyrau.

Mae cellwlos yn bolymer o fonomerau beta glwcos

ADOLYGU

+ Cellwlos sy'n gwneud cellfuriau celloedd planhigyn.
+ Mae'r monomerau beta glwcos wedi'u cysylltu â bondiau glycosidaidd 1–4 ac wedi'u trefnu mewn cadwynau hir, syth.
+ Mae pob moleciwl beta glwcos wedi'i gylchdroi 180 gradd o'r moleciwl blaenorol yn y gadwyn. Mae hyn yn golygu bod bondiau hydrogen yn gallu ffurfio rhwng y grwpiau OH mewn cadwynau cyfagos. Mae Ffigur 1.6 yn dangos adeiledd cellwlos.

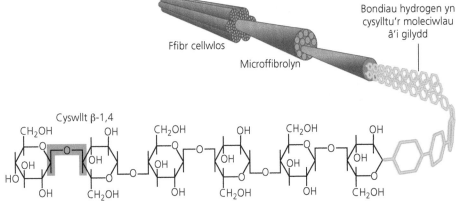

Cyswllt β-1,4

Ffigur 1.6 Adeiledd cellwlos

Mae llawer o gadwynau cellwlos yn ffurfio microffibrolyn ac mae llawer o ficroffibrolion yn ffurfio ffibr cellwlos. Ffibrau cellwlos sy'n gwneud cellfuriau planhigion. Er bod bondiau hydrogen unigol yn wan, mae nifer mawr y bondiau hydrogen mewn cellwlos yn rhoi cryfder tynnol uchel iddo. Mae hyn yn gwneud y cellfur yn gryf ac yn anhyblyg ac yn atal y gell rhag byrstio.

Mwcopolysacarid yw citin

ADOLYGU

+ Mae adeiledd citin yn debyg i adeiledd cellwlos.
+ Mae wedi'i wneud o gadwynau o fonomerau beta glwcos â chadwynau ochr asetylamin.
+ Yn lle grŵp OH ar ail atom carbon pob moleciwl beta glwcos, grŵp asetylamin sydd mewn citin.
+ Mae citin yn gryf ac yn ysgafn ac mae'n cael ei ddefnyddio i ffurfio sgerbydau allanol pryfed a chellfuriau ffyngau.

> **Cyngor**
>
> Mae'n hawdd drysu ynghylch pa fonomer sy'n gwneud pa bolysacarid. Cofiwch fod monomerau alffa glwcos yn gwneud polysacaridau storio, a monomerau beta glwcos yn gwneud polysacaridau adeileddol.

Sgiliau Ymarferol

Profion biocemegol am garbohydradau

Mae angen i chi wybod y profion biocemegol rydyn ni'n eu defnyddio i adnabod carbohydradau.

Prawf startsh

+ Ychwanegu nifer o ddiferion o ïodin.
+ Os yw'r hydoddiant yn troi'n las/du, mae startsh yn bresennol.

Prawf siwgr rhydwythol

+ Ychwanegu adweithydd Benedict at y sampl anhysbys.
+ Berwi'r hydoddiant.
+ Os oes siwgr rhydwythol yn bresennol, bydd gwaddod lliw brics coch yn ffurfio.

Mae pob monosacarid yn siwgr rhydwythol ac mae rhai deusacaridau hefyd, fel maltos.

Prawf siwgr anrydwythol

Os yw'r prawf siwgr rhydwythol yn rhoi canlyniad negatif, gallwn ni gynnal prawf pellach i ganfod a oes siwgr anrydwythol (fel swcros) yn bresennol yn y sampl. Gallwn ni adnabod siwgr anrydwythol drwy hydrolysu'r bond glycosidaidd yn y moleciwl yn gyntaf, i ffurfio dau fonosacarid. Yna, bydd y monosacaridau hyn yn cynhyrchu prawf positif wrth eu berwi nhw gydag adweithydd Benedict. Rydyn ni'n hydrolysu'r bond glycosidaidd drwy wresogi'r siwgr anrydwythol gydag asid:

+ Gwresogi'r hydoddiant gydag asid, fel asid hydroclorig.
+ Niwtralu drwy ychwanegu alcali, fel sodiwm hydrocsid.
+ Ychwanegu adweithydd Benedict at y sampl anhysbys.
+ Berwi'r hydoddiant.

Os oedd siwgr anrydwythol yn bresennol yn y sampl gwreiddiol, bydd gwaddod lliw brics coch yn ffurfio.

> **Cyngor**
>
> Yn aml, dydy disgyblion ddim yn adolygu'r profion biocemegol yn llawn, ond maen nhw'n ymddangos mewn arholiadau. Ar gyfer pob prawf, gwnewch yn siŵr eich bod chi'n gwybod:
> + enw'r prawf
> + sut i gynnal y prawf
> + beth yw'r canlyniadau positif a'r canlyniadau negatif

Gallwch chi wirio eich atebion yma: **www.hoddereducation.co.uk/fynodiadauadolygu**

5 Beth yw cynhyrchion hydrolysis maltos?

6 Pa bolysacarid sy'n cael ei ddefnyddio ar gyfer storio mewn anifeiliaid?

7 Esboniwch pam mae'n bwysig bod polysacaridau sydd â swyddogaeth adeileddol, yn anhydawdd.

8 Disgrifiwch sut mae citin yn wahanol i bolysacaridau eraill.

Mae lipidau wedi'u gwneud o'r un elfennau â charbohydradau

Carbon, hydrogen ac ocsigen yw'r elfennau mewn lipidau a charbohydradau. Yn wahanol i garbohydradau, dydy lipidau ddim wedi'u gwneud o fonomerau sy'n cysylltu â'i gilydd i ffurfio polymerau. Mae lipidau wedi'u gwneud o ddau foleciwl gwahanol: glyserol ac asidau brasterog. Mae pob lipid yn cynnwys glyserol (Ffigur 1.7).

Mae asidau brasterog yn cynnwys grŵp methyl, cadwyn hydrocarbon a grŵp carbocsyl

ADOLYGU

Mae cadwyn hydrocarbon asid brasterog yn cynnwys eilrif o atomau carbon – rhwng 14 a 22. Mae asidau brasterog yn gallu bod yn ddirlawn neu'n annirlawn. Does gan asidau brasterog dirlawn ddim bondiau dwbl carbon-carbon yn y gadwyn hydrocarbon. Mae gan asidau brasterog annirlawn fondiau dwbl carbon-carbon yn y gadwyn hydrocarbon. Mae Ffigur 1.8 yn dangos enghreifftiau o asidau brasterog dirlawn ac annirlawn.

(a)

(b)

Ffigur 1.8 (a) Asid brasterog dirlawn; (b) asid brasterog annirlawn yn cynnwys un bond dwbl

Ffigur 1.7 Glyserol

Mae asidau brasterog dirlawn i'w cael mewn braster anifeiliaid, ac mae asidau brasterog annirlawn i'w cael mewn olewau planhigion.

Mae tri asid brasterog yn cyfuno ag un moleciwl glyserol i ffurfio triglyserid. Mae bond ester yn cysylltu pob asid brasterog â'r glyserol. Adweithiau cyddwyso sy'n ffurfio'r bondiau ester. Gan fod tri bond ester mewn triglyserid, bydd tri adwaith cyddwyso yn ffurfio'r rhain. Mae priodweddau triglyserid yn dibynnu ar yr asidau brasterog sydd ynddo.

Yn yr adwaith hwn, mae pob grŵp OH ar y moleciwl glyserol yn colli atom hydrogen ac mae grŵp carbocsyl yr asid brasterog yn colli OH, i ffurfio tri moleciwl dŵr. Mae'r adwaith hwn, a'r adwaith hydrolysis sy'n torri'r bondiau ester, i'w gweld yn Ffigur 1.9.

Yn Ffigur 1.9 mae cadwyn hydrocarbon yr asid brasterog wedi'i lluniadu ar ffurf syml fel llinell igam-ogam.

> **Triglyserid** Tri asid brasterog wedi'u cysylltu â glyserol gan fondiau ester.

Glyserol

Asidau brasterog

Cyddwyso

Hydrolysis

$3H_2O$

$3H_2O$

Tair 'cynffon' o gadwynau hydrocarbon

Bond ester

Ffigur 1.9 Ffurfio triglyserid a hydrolysu triglyserid

Mae ffosffolipidau yn ffurfio o ddau asid brasterog, grŵp ffosffad a moleciwl glyserol

ADOLYGU

Mae ffosffolipidau yn ffurfio drwy gyfuno dau asid brasterog a grŵp ffosffad gyda moleciwl glyserol. Mae adeiledd ffosffolipidau yn golygu'r canlynol:

+ Mae pen (y glyserol a'r ffosffad) y moleciwl yn bolar ac felly'n hydroffilig. Mae hyn yn golygu ei fod yn cael ei atynnu at ddŵr.
+ Mae cynffon (dau asid brasterog) y moleciwl yn hydroffobig. Mae'r briodwedd hon yn bwysig i ffurfio cellbilenni.

Mae Ffigur 1.10 yn dangos adeiledd ffosffolipid.

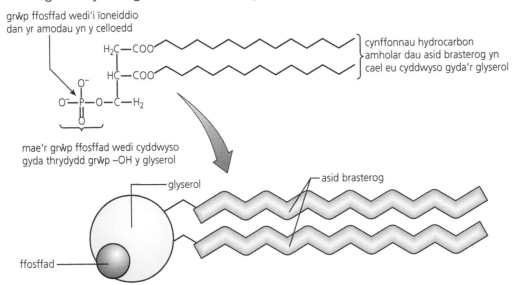

grŵp ffosffad wedi'i ïoneiddio dan yr amodau yn y celloedd

cynffonnau hydrocarbon amholar dau asid brasterog yn cael eu cyddwyso gyda'r glyserol

mae'r grŵp ffosffad wedi cyddwyso gyda thrydydd grŵp –OH y glyserol

glyserol

asid brasterog

ffosffad

Ffigur 1.10 Ffosffolipid

Gallwch chi wirio eich atebion yma: **www.hoddereducation.co.uk/fynodiadauadolygu**

Mae gan lipidau nifer o swyddogaethau mewn organebau byw

ADOLYGU

Mae modd defnyddio lipidau mewn gwahanol ffyrdd:

+ storio egni – mae lipid yn storio dwywaith cymaint o egni â'r un màs o garbohydrad; mae hyn yn ei wneud yn storfa egni effeithlon; mae hadau'n defnyddio lipidau i storio egni
+ amddiffyn organau bregus
+ ynysu thermol
+ hynofedd mewn organebau dyfrol
+ ffynhonnell dŵr metabolaidd i organebau sy'n byw mewn amgylcheddau cras, er enghraifft camelod

Mae lipidau yn anhydawdd mewn dŵr, ond yn hydawdd mewn hydoddyddion organig fel aseton ac ethanol.

Mae brasterau dirlawn i'w cael mewn anifeiliaid ac yn ffactor sy'n cyfrannu at glefyd y galon mewn bodau dynol

ADOLYGU

Mae bwyta llawer o frasterau dirlawn yn codi lefelau colesterol lipoprotein dwysedd isel (LDI/*LDL: low-density lipoprotein*) yn y gwaed. Yna, gall hyn arwain at gynnydd yn y risg o atheroma. Defnydd annormal sydd wedi cronni ym mur y rhydweli yw atheroma. Gall hyn arwain at flocio'r rhydweli. Os yw hyn yn digwydd yn y rhydwelïau coronaidd sy'n cyflenwi'r cyhyrau cardiaidd, gall ladd y cyhyrau ac achosi trawiad ar y galon (cnawdnychiad myocardiaidd).

Mae brasterau dirlawn yn solid ar dymheredd ystafell. Mae olewau annirlawn yn hylif ar dymheredd ystafell, ac yn dod o blanhigion.

> ## Profi eich hun
>
> PROFI
>
> 9 Enwch y moleciwlau sy'n cael eu cysylltu gan fondiau ester.
> 10 Esboniwch sut mae adeiledd triglyserid yn wahanol i adeiledd ffosffolipid.
> 11 Esboniwch pam mae lipidau yn foleciwlau storio egni mwy effeithlon na charbohydradau.
> 12 Esboniwch sut mae asid brasterog dirlawn yn wahanol i asid brasterog annirlawn.

> ## Sgiliau ymarferol
>
> ### Prawf ar gyfer lipidau
>
> Gallwn ni ddefnyddio'r prawf emwlsiwn i adnabod lipidau:
>
> + Ychwanegu ethanol at y sampl a'i ysgwyd yn drwyadl.
> + Yna, ychwanegu dŵr distyll. Os yw'r hydoddiant yn aros yn ddi-liw, mae'r prawf yn negatif.
> + Os oes haen o ddaliant gwyn cymylog yn ffurfio, mae'r prawf yn bositif ac mae lipidau yn bresennol yn y sampl.

Mae proteinau yn ddosbarth anhygoel o amrywiol o foleciwlau biolegol

Polymerau o asidau amino yw proteinau

ADOLYGU

Mae proteinau wedi'u gwneud o'r elfennau carbon, hydrogen, ocsigen a nitrogen. Maen nhw weithiau'n cynnwys **sylffwr** hefyd.

Polypeptidau yw proteinau. Polymer o **asidau amino** yw polypeptid. Mae Ffigur 1.11 yn dangos adeiledd asid amino.

> ## Cyngor
>
> Mewn cwestiwn arholiad yn y gorffennol, dim ond ychydig o ddisgyblion oedd wedi llwyddo i gysylltu'r gofyniad am sylffwr i gynhyrchu proteinau.

Ffigur 1.11 Adeiledd cyffredinol asid amino

Mae asidau amino wedi'u gwneud o'r canlynol:

+ grŵp amin (NH$_2$)
+ grŵp carbocsyl (COOH)
+ grŵp R (gweddillol) sy'n gallu amrywio

Mae 20 o grwpiau R gwahanol

Mae 20 o grwpiau R gwahanol, felly mae 20 o asidau amino gwahanol. Mae Ffigur 1.12 yn dangos dau asid amino â grwpiau R gwahanol.

Ffigur 1.12 Alanin a chystein

Mae dau asid amino yn cyfuno mewn adwaith cyddwyso i ffurfio deupeptid. Mae bond peptid yn ffurfio rhwng grŵp carbocsyl un asid amino a grŵp amin yr asid amino arall. Adwaith cyddwyso yw hwn, ac mae'n cynhyrchu moleciwl dŵr. Mae Ffigur 1.13 yn dangos sut mae deupeptid yn ffurfio.

> **Deupeptid** Dau asid amino sydd wedi'u cysylltu â bond peptid.
>
> **Bond peptid** Bond rhwng atom carbon mewn un asid amino ac atom nitrogen mewn un arall.

Ffigur 1.13 Mae adwaith cyddwyso yn ffurfio deupeptid o ddau asid amino

Mae polypeptid yn cael ei ffurfio o dri neu fwy o asidau amino wedi'u cysylltu â bondiau peptid

Mewn polypeptid, yr asidau amino yw'r monomerau a'r polypeptid yw'r polymer.

Dilyniant yr asidau amino mewn polypeptid yw'r adeiledd cynradd

Mae nifer y gwahanol adeileddau cynradd sy'n bosibl bron yn anfeidraidd (*infinite*).

> **Polypeptid** Tri neu fwy o asidau amino wedi'u cysylltu â bondiau peptid.

> **Cysylltiadau**
>
> Mae dilyniant yr asidau amino mewn polypeptid yn dibynnu ar ddilyniant y basau yn y genyn sy'n codio ar gyfer y polypeptid dan sylw. Yn ystod trawsgrifiad, mae'r cod hwn yn cael ei drosglwyddo o DNA i mRNA ac yna, yn ystod trosiad, mae'r mRNA yn cael ei ddefnyddio i gydosod y dilyniant cywir o asidau amino.

Mae'r polypeptid yn gallu torchi i ffurfio adeiledd eilaidd

Mae polypeptidau yn gallu ffurfio dau fath o adeiledd eilaidd – helics alffa a llen pletiog beta. Dilyniant yr asidau amino mewn polypeptid sy'n penderfynu a fydd yn ffurfio helics alffa neu len pletiog beta.

Gallwch chi wirio eich atebion yma: **www.hoddereducation.co.uk/fynodiadauadolygu**

Mae siâp yr adeiledd eilaidd yn cael ei ddal yn ei le gan fondiau hydrogen rhwng y bondiau peptid.

Mae'r ffordd y mae'r polypeptid yn plygu i siapiau tri dimensiwn cymhleth penodol yn cael ei alw'n adeiledd trydyddol

Mae adeiledd trydyddol penodol proteinau yn cael ei gynnal gan fondiau hydrogen, bondiau ïonig a bondiau deusylffid rhwng grwpiau R yr asidau amino. Mae Ffigur 1.14 yn dangos y bondiau hyn ac yn rhoi crynodeb o adeileddau cynradd ac eilaidd.

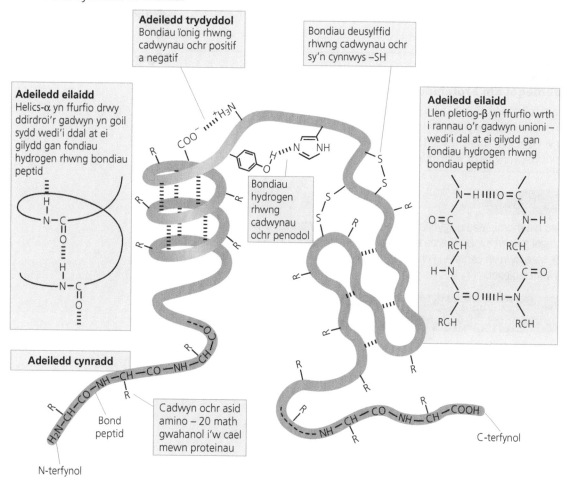

Ffigur 1.14 Y lefelau gwahanol o adeiledd mewn moleciwl protein

Mae dau neu fwy o bolypeptidau ag adeiledd trydyddol yn gallu uno i ffurfio adeiledd cwaternaidd

Mae haemoglobin yn enghraifft o brotein ag adeiledd cwaternaidd. Mae haemoglobin wedi'i wneud o bedwar polypeptid (dwy gadwyn alffa a dwy gadwyn beta) a grwpiau haem prosthetig (ddim yn brotein) sy'n cynnwys haearn. Mae celloedd coch y gwaed yn defnyddio haemoglobin i gludo ocsigen. Mae Ffigur 1.15 yn dangos moleciwl haemoglobin.

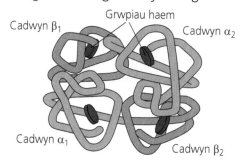

Ffigur 1.15 Moleciwl haemoglobin

Gallwn ni rannu proteinau yn broteinau ffibrog neu'n broteinau crwn

Mae proteinau ffibrog yn broteinau adeileddol ag adeiledd eilaidd. Maen nhw'n anhydawdd mewn dŵr. Mae ceratin a cholagen yn enghreifftiau o broteinau ffibrog. Mae ceratin yn cael ei ddefnyddio i ffurfio blew ac ewinedd, ac mae colagen yn cael ei ddefnyddio i ffurfio tendonau. Mae colagen wedi'i wneud o dair cadwyn helics alffa sy'n ffurfio edafedd hir (Ffigur 1.16).

Mae gan broteinau crwn adeiledd trydyddol neu gwaternaidd. Maen nhw'n hydawdd mewn dŵr. Mae ensymau a hormonau yn enghreifftiau o broteinau crwn.

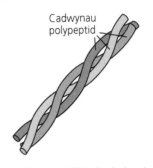

Cadwynau polypeptid

Ffigur 1.16 Moleciwl colagen

Sgiliau Ymarferol

Y prawf biocemegol am broteinau

Gallwn ni ddefnyddio'r prawf biwret i adnabod proteinau:
+ Ychwanegu cyfaint bach o hydoddiant biwret at sampl.
+ Os yw'r prawf yn negatif, mae'r hydoddiant yn aros yn las.
+ Os yw'r sampl yn cynnwys protein, mae'n troi'n fioled.

Gweithgaredd adolygu

Mewn arholiadau blaenorol, mae disgyblion wedi drysu rhwng y bondiau yn y moleciwlau biolegol gwahanol. Un dull da o ddysgu'r rhain yw gwneud tabl crynodeb (enghraifft isod). Mae hwn yn caniatáu i chi weld yn glir beth yw'r prif wahaniaethau rhwng y moleciwlau biolegol.

Moleciwl biolegol	Monomerau/polymer	Bondiau	Swyddogaethau

Profi eich hun

13 Nodwch faint grwpiau R gwahanol sydd.

14 Disgrifiwch y gwahaniaeth rhwng adeiledd cynradd ac adeiledd eilaidd protein.

15 Esboniwch bwysigrwydd sylffwr yn adeiledd proteinau.

16 Rhowch enghraifft o brotein ag adeiledd cwaternaidd.

Crynodeb

Dylech chi allu:
+ Esbonio pwysigrwydd biolegol dŵr a chysylltu rhai o'i briodweddau â'r ffaith ei fod yn foleciwl polar.
+ Esbonio sut caiff bondiau eu ffurfio a'u torri mewn adweithiau cyddwyso a hydrolysis.
+ Disgrifio carbohydradau yn nhermau monosacaridau, deusacaridau a pholysacaridau, ac esbonio adeiledd enghreifftiau o bob un.
+ Disgrifio'r gwahaniaethau rhwng adeiledd a ffurfiant triglyserid a ffosffolipid.
+ Disgrifio'r gwahaniaethau rhwng asid brasterog dirlawn ac annirlawn.
+ Rhoi enghreifftiau o swyddogaethau lipidau mewn organebau byw.
+ Disgrifio adeiledd asidau amino, deupeptidau a pholypeptidau.
+ Esbonio pedair lefel adeiledd protein a'r bondiau sy'n bodoli ym mhob lefel.
+ Gwahaniaethu rhwng proteinau ffibrog a chrwn.
+ Disgrifio profion biocemegol am garbohydradau, lipidau a phroteinau.

1 Mae hydoddedd asidau amino wedi'i ddylanwadu gan wahanol grwpiau R yr asidau amino. Mae'r tabl isod yn dangos grwpiau R a hydoddeddau cymharol y tri asid amino yn yr ymchwiliad hwn.

Asid amino	Grŵp R	Hydoddedd
Cystein	HS—...CO₂H ...NH₂	Uchel
Ffenylalanin	...CO₂H ...NH₂	Cymedrol
Tryptoffan	...CO₂H ...NH₂	Isel

a Esboniwch beth yw ystyr grŵp R. [1]

b Awgrymwch berthynas rhwng adeiledd y grwpiau R a'u hydoddedd. [1]

c Mae'r asid amino cystein yn gallu ffurfio bondiau dydy ffenylalanin a thryptoffan ddim yn gallu eu ffurfio. Awgrymwch enwau'r bondiau hyn ac esboniwch eu pwysigrwydd i adeiledd protein. [3]

2 Mae angen i ddisgybl adnabod cynnwys hydoddiant anhysbys. Mae hi'n cynnal prawf biwret ac yn cael canlyniad negatif.

a Nodwch y canlyniad negatif ac esboniwch pa gasgliad gallai'r disgybl ei ffurfio nawr am yr hydoddiant anhysbys. [2]

b Yna, mae'r disgybl yn cynnal prawf am siwgrau rhydwythol. Mae'n rhoi canlyniad negatif. Pa adweithydd ddefnyddiodd y disgybl yn y prawf hwn? [1]

c Mae'r disgybl yn dod i'r casgliad nad yw'r hydoddiant yn cynnwys swcros. Gwerthuswch gasgliad y disgybl ac awgrymwch ymchwiliad dilynol fyddai'n gwella'r casgliad hwn. [3]

ch Mae'r disgybl yn cynnal ymchwiliad ychwanegol i'r polysacarid ffrwctan, graminin. Polymer o ffrwctos yw graminin. Mae ganddo adeiledd canghennog sy'n cynnwys bondiau glycosidaidd 2–1 a bondiau glycosidaidd 2–6. Esboniwch y gwahaniaethau rhwng adeiledd graminin a startsh. [3]

3 Glyceroffosffolipidau yw'r enw ar ffosffolipidau seiliedig ar glyserol sydd i'w cael ym mhilenni plasmaidd celloedd.

a Esboniwch pam gallwn ni ddisgrifio'r ffosffolipidau hyn fel 'seiliedig ar glyserol'. [1]

b Mae glyceroffosffolipidau yn gallu cynnwys asidau brasterog polyannirlawn, yn hytrach nag asidau brasterog monoannirlawn. Awgrymwch wahaniaeth rhwng y ddau fath hyn o ffosffolipid. [2]

c Mae ymchwiliad yn dangos bod llifyn sy'n hydawdd mewn dŵr yn staenio rhan o foleciwl glyceroffosffolipid, ond ddim yn staenio moleciwl triglyserid. Esboniwch yr arsylwadau hyn. [2]

2 Adeiledd a threfniadaeth celloedd

Celloedd yw uned sylfaenol organeb fyw. Yn ôl damcaniaeth celloedd:
+ mae celloedd newydd yn ffurfio o rai sy'n bodoli
+ y gell yw uned sylfaenol adeiledd, swyddogaeth a threfniadaeth ym mhob organeb fyw

Gallwn ni rannu'r celloedd y mae angen i chi eu hastudio yn ddau fath: ewcaryot (celloedd anifail a chelloedd planhigyn) a **phrocaryot** (bacteria).

> **Ewcaryot** Organeb y mae ei chelloedd yn cynnwys cnewyllyn ac organynnau eraill sydd wedi'u hamgáu â philen.

Mae llawer o fathau gwahanol o gell ewcaryot

Mae ewcaryotau wedi'u rhannu'n fewnol gan bilenni

ADOLYGU

Mae pilenni'n bwysig oherwydd eu bod:
+ yn darparu arwyneb i ensymau gydio ynddo lle gall adweithiau cemegol ddigwydd
+ yn dal cemegion neu ensymau a allai fod yn niweidiol, gan eu hatal rhag difrodi neu dorri lawr ffurfiadau yn y gell
+ yn gweithredu fel system cludiant

Ar gyfer yr arholiad, mae angen i chi astudio celloedd anifail a chelloedd planhigyn yn fanwl. Mae Ffigur 2.1 yn dangos adeiledd cell anifail.

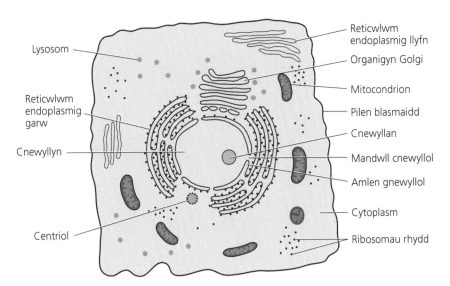

Ffigur 2.1 Cell ewcaryot

Mae gan gelloedd ewcaryot gellbilen allanol neu bilen blasmaidd sy'n amgáu cytoplasm y gell. Sylwedd tebyg i gel yw'r cytoplasm, ac mae'n cynnwys organynnau'r gell. Ffurfiadau mewnol o fewn y gell yw organynnau.

Mae gan gelloedd planhigyn a chelloedd anifail rai organynnau yn gyffredin

Y cnewyllyn sy'n cynnwys DNA y gell

ADOLYGU

Deunydd genynnol yw DNA sy'n cael ei drosglwyddo o un genhedlaeth o organeb i'r nesaf gan ddarparu'r cod i syntheseiddio proteinau. Am y rhan fwyaf o oes cell ewcaryot, mae'r DNA yn aros y tu mewn i gnewyllyn y gell. Er mwyn i synthesis protein allu digwydd, caiff edefyn o mRNA ei wneud gan ddefnyddio DNA fel templed. Mae'r edefyn mRNA hwn yna'n gallu gadael y cnewyllyn a chludo cod synthesis protein i'r cytoplasm.

Mae pilen gnewyllol (sydd hefyd yn cael ei galw'n **amlen gnewyllol**) yn amgáu'r cnewyllyn. Mae hon yn bilen ddwbl, sy'n cynnwys 'bylchau' bach o'r enw mandyllau cnewyllol. Mae'r mandyllau cnewyllol hyn yn caniatáu i'r mRNA adael y cnewyllyn a theithio i'r cytoplasm. Mae tu mewn y cnewyllyn yn cynnwys defnydd tebyg i'r cytoplasm, sef y niwcleoplasm. O fewn y niwcleoplasm, mae DNA y gell ar ffurf **cromatin**.

Mae'r cnewyllyn hefyd yn cynnwys y **cnewyllan**. Mae'r cnewyllan yn cynhyrchu rRNA (RNA ribosomaidd) ac yn cydosod ribosomau.

Mae mitocondria yn rhyddhau egni cemegol ar ffurf ATP yn ystod resbiradaeth aerobig

ADOLYGU

Fel y cnewyllyn, mae gan y mitocondria (unigol mitocondrion) bilen ddwbl. Mae'r bilen ddwbl hon yn cynnwys pilen allanol, gofod rhyngbilennol a philen fewnol. Mae'r bilen fewnol wedi'i phlygu i ffurfio'r cristâu. Mae'r plygion hyn yn cynyddu'r arwynebedd arwyneb i synthesis ATP ddigwydd arno.

Y tu mewn i'r mitocondria, mae **matrics** sydd fel cytoplasm. Mae'r matrics yn cynnwys ribosomau a'r DNA mitocondriaidd. Y DNA hwn sy'n caniatáu i'r mitocondria rannu i ddiwallu anghenion y gell ar wahân i ddyblygiad arferol cylchred y gell. Mae'r DNA mitocondriaidd yn dystiolaeth y gallai'r mitocondria fod wedi byw'n rhydd unwaith fel organebau cyn cael eu hamlyncu gan hynafiaid celloedd ewcaryot, ac wedi byw y tu mewn i ewcaryotau byth ers hynny. Mae Ffigur 2.2 yn dangos adeiledd mitocondrion.

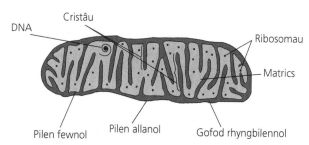

Ffigur 2.2 Adeiledd mitocondrion

Mae'r reticwlwm endoplasmig garw yn cael ei ddefnyddio fel system i gludo proteinau

ADOLYGU

Mae'r reticwlwm endoplasmig garw yn cynnwys cyfres o bilenni sydd wedi'u cysylltu â'r bilen gnewyllol. Mae ganddo ribosomau ar ei hyd (dyna pam rydyn ni'n ei alw'n reticwlwm endoplasmig 'garw'). Mae'r ribosomau'n syntheseiddio proteinau. Mae ribosomau hefyd yn bodoli'n rhydd yn y cytoplasm.

Mae gan ribosomau ddwy is-uned, mawr a bach

Mae is-unedau mawr a bach y ribosom yn dod at ei gilydd o gwmpas edefyn mRNA, sy'n ffitio yn y rhigol mRNA. Mae ribosomau wedi'u gwneud o brotein ac RNA ribosomaidd (rRNA).

> **Cysylltiadau**
>
> Mae mRNA yn cael ei gynhyrchu yn y cnewyllyn yn ystod y broses drawsgrifio. Mae'n gadael y cnewyllyn drwy'r mandwll cnewyllol ac yna mae trosiad yn digwydd wrth y ribosom, gan gynhyrchu polypeptid.

23

Does dim ribosomau ar arwyneb reticwlwm endoplasmig llyfn

Cyfres o bilenni sy'n ymwneud â syntheseiddio lipidau yw'r reticwlwm endoplasmig llyfn. Does dim ribosomau'n sownd arno, felly mae'n edrych yn 'llyfn'. Mae celloedd sy'n secretu lipidau yn cynnwys cyfran uchel o reticwlwm endoplasmig llyfn.

Pentwr o godenni pilennog fflat yw organigyn Golgi

Mae organigyn Golgi yn cyflawni amrywiaeth o swyddogaethau, gan gynnwys ffurfio glycoproteinau a lysosomau. Ei brif rôl yw addasu a phecynnu proteinau i'w cludo allan o'r gell. Mae disgrifiad o'r broses hon isod, ac mae i'w gweld yn Ffigur 2.3.

+ Mae fesiglau (codenni bach â philen) sy'n cynnwys proteinau sydd wedi'u ffurfio gan y reticwlwm endoplasmig garw, yn asio ar un pen i goden Golgi.
+ Mae'r protein yn cael ei addasu y tu mewn i'r goden Golgi.
+ Yna, mae fesigl sy'n cynnwys y protein wedi'i addasu yn pinsio i ffwrdd ym mhen arall y goden Golgi.
+ Yna, mae'r fesigl sy'n cynnwys y protein wedi'i addasu yn teithio i bilen blasmaidd allanol y gell. Mae'r fesigl yn asio â'r bilen ac mae'r protein yn cael ei ryddhau drwy gyfrwng ecsocytosis. Mae trafodaeth fanylach am broses ecsocytosis ar dudalen 33.

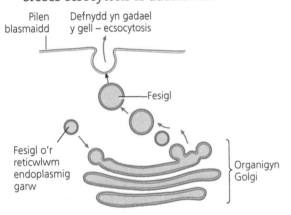

Ffigur 2.3 Organigyn Golgi

Mae celloedd anifail hefyd yn cynnwys centriolau a lysosomau

Fesiglau sy'n cynnwys ensymau treulio yw lysosomau

Gellir defnyddio lysosomau i ymddatod organynnau sydd wedi treulio ac i dreulio defnyddiau sy'n dod i mewn i'r gell drwy gyfrwng ffagocytosis. Dyma esboniad o sut mae lysosom yn gweithio:

+ Mae'r defnydd yn dod i mewn i'r gell ac yn cael ei ddal mewn gwagolyn.
+ Mae'r lysosymau yn asio â philen y gwagolyn ac yn rhyddhau eu hensymau treulio i'r gwagolyn.
+ Mae'r ensymau treulio yn ymddatod y defnydd.

Centriolau sy'n ffurfio ffibrau'r werthyd yn ystod cellraniad.

Mae gan gelloedd planhigyn gloroplastau a chellfur

Mae gan gelloedd planhigyn gloroplastau a chellfur cellwlos, ond does ganddyn nhw ddim lysosomau na chentriolau. Mae Ffigur 2.4 yn dangos adeiledd cell planhigyn.

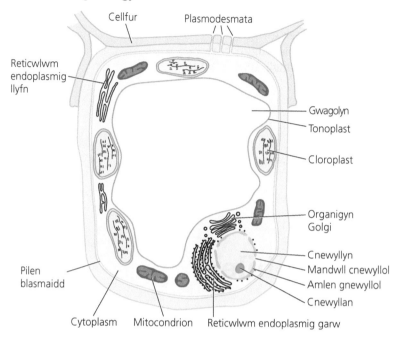

Ffigur 2.4 Cell planhigyn

Mae cloroplastau yn organynnau mawr â philen ddwbl

Fel y cnewyllyn a'r mitocondria, mae gan y cloroplastau bilen ddwbl. Mae ffotosynthesis yn digwydd yn y cloroplastau. Ffotosynthesis yw'r broses lle caiff siwgrau a moleciwlau organig eraill eu ffurfio o garbon deuocsid a dŵr, gan ddefnyddio egni o olau.

Yn y cloroplastau, mae defnydd tebyg i'r cytoplasm, sef y stroma. Mae'r stroma yn cynnwys llawer o adrannau â philen o'r enw **thylacoidau**. Mae pilen y thylacoidau yn cynnwys y cemegyn cloroffyl. Pigment yw **cloroffyl** sy'n amsugno egni golau ar gyfer proses ffotosynthesis. Mae'r thylacoidau yn ffurfio pentyrrau o'r enw grana (unigol granwm). Mae lamelâu (unigol lamela) yn cysylltu'r pentyrrau hyn. Mae'r stroma hefyd yn cynnwys gronynnau startsh a ribosomau.

Fel y mitocondria, mae'r cloroplastau hefyd yn cynnwys ribosomau a DNA cloroplast. Fel mewn mitocondria, mae'r DNA cloroplast yn dystiolaeth bod cloroplastau wedi byw'n rhydd unwaith fel organebau cyn cael eu hamlyncu gan hynafiaid celloedd planhigyn. Mae Ffigur 2.5 yn dangos adeiledd cloroplast.

Cyngor

Sylwch mai'r tri organyn cellol sydd â philen ddwbl yw'r cnewyllyn, y mitocondrion a'r cloroplast.

Mae adeileddau cloroplastau a mitocondria yn debyg, ond peidiwch â chymysgu'r ddau – er enghraifft, peidiwch â dweud bod gan y cloroplast fatrics.

Mae llawer o ddisgyblion yn tybio nad oes gan gelloedd planhigyn fitocondria oherwydd bod ganddyn nhw gloroplastau. Mae mitocondria a chloroplastau yn gwneud swyddogaethau gwahanol i'w gilydd, ac mae angen y ddau mewn celloedd planhigyn.

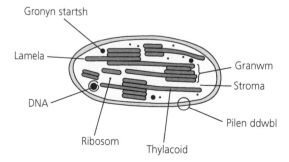

Ffigur 2.5 Adeiledd cloroplast

Mae gan gelloedd planhigyn hefyd gellfur cellwlos

ADOLYGU

Mae'r cellfur yn cadw cell planhigyn yn anhyblyg ac yn atal y gell rhag byrstio. Mae ganddo lawer o fandyllau, sef y **plasmodesmata**. Mae'r plasmodesmata yn caniatáu i gytoplasm celloedd cyfagos gysylltu, fel bod sylweddau'n gallu symud rhwng celloedd planhigyn.

Mae gan gelloedd planhigyn **wagolyn** mawr parhaol hefyd, sy'n cynnwys cellnodd. Mae wedi'i amgylchynu â philen – y **tonoplast**. Mae'r gwagolyn yn cael ei ddefnyddio i storio ac mae'n helpu i gynnal y gell planhigyn. Mae gwagolynnau mewn rhai celloedd anifail hefyd, ond maen nhw'n llawer llai a does dim **tonoplast** ynddyn nhw.

Profi eich hun

PROFI

1 Beth yw swyddogaeth y mitocondria?

2 Pam mae'n bwysig bod y cristâu yn rhoi arwynebedd arwyneb mewnol mawr i'r mitocondria?

3 Pam rydyn ni'n dweud bod y reticwlwm endoplasmig garw yn arw?

4 Beth yw enw'r pigment ffotosynthetig yn y thylacoid?

Does dim organynnau â philen mewn procaryotau

Dydy DNA procaryot ddim wedi'i amgáu mewn cnewyllyn – mae'n rhydd yn y cytoplasm

ADOLYGU

Mae'r rhan fwyaf o brocaryotau yn llawer llai nag ewcaryotau, 1–10µm, yn hytrach na 10–100µm ar gyfer celloedd ewcaryot. Mae bacteria yn enghreifftiau o brocaryotau. Mae Ffigur 2.6 yn dangos nodweddion procaryot.

> **Procaryot** Organeb ungellog sydd heb bilen gnewyllol nac unrhyw organynnau eraill â philen.

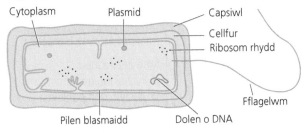

Ffigur 2.6 Cell brocaryotig

Mae gan brocaryotau y nodweddion canlynol:

+ **capsiwl/haen llysnafedd** – yr haen allanol
+ **cellfur peptidoglycan** – dydy cellfur procaryot ddim wedi'i wneud o gellwlos, ond o beptidoglycan (mwrein); fel mewn cell planhigyn, mae'r cellfur yn atal celloedd procaryot rhag byrstio
+ **DNA** – mae'r DNA yn rhydd yn y cytoplasm mewn ardal o'r enw cnewylloid; fel arfer, bydd DNA procaryot mewn un cromosom crwn; mae gan rai procaryotau ddarnau bach crwn ychwanegol o DNA, sef y plasmidau
+ **ribosomau** – fel ewcaryotau, mae procaryotau yn cynnwys ribosomau; fodd bynnag, mae ribosomau 70S procaryotau yn llawer llai na'r ribosomau 80S sydd mewn ewcaryotau
+ **fflagelwm** – mae gan rai procaryotau fflagelwm, sy'n eu galluogi nhw i symud

Gweithgaredd adolygu

Mae cymharu adeileddau procaryotau ac ewcaryotau yn gwestiwn cyffredin mewn arholiadau. Mae defnyddio diagram Venn yn ddull da. Lluniadwch dri chylch mawr, a phob un yn croestorri. Yna, ysgrifennwch nodweddion celloedd anifail, celloedd planhigyn a chelloedd procaryot ym mhob adran. Defnyddiwch yr adrannau sy'n gorgyffwrdd ar gyfer nodweddion sy'n cael eu rhannu gan fathau gwahanol o gelloedd.

Gallwch chi wirio eich atebion yma: **www.hoddereducation.co.uk/fynodiadauadolygu**

Does dim cytoplasm mewn firysau, felly dydyn nhw ddim yn cael eu hystyried yn gelloedd

Dim ond mewn celloedd byw mae firysau'n gallu atgynhyrchu, a does ganddyn nhw ddim metabolaeth

ADOLYGU

Heb eu cytoplasm na'u metabolaeth eu hunain, yn gyffredinol dydyn ni ddim yn ystyried bod firysau yn fyw. Yn lle hynny, maen nhw'n heintio'r celloedd ac yn manteisio ar fetabolaeth procaryotau a hefyd ewcaryotau.

Mae firysau wedi'u gwneud o asid niwclëig a chot brotein. Mewn firysau sy'n heintio ewcaryotau, RNA yw'r asid niwclëig, ac mewn firysau sy'n heintio procaryotau (bacterioffagau), DNA yw'r asid niwclëig.

Mae celloedd yn ffurfio meinweoedd mewn anifeiliaid a phlanhigion

Mae celloedd ag adeiledd tebyg ac sy'n gwneud yr un swyddogaeth, yn uno â'i gilydd i ffurfio meinweoedd

ADOLYGU

Dyma rai enghreifftiau o feinweoedd anifeiliaid:
+ **meinwe epithelaidd**, er enghraifft, epithelia ciwboid ac epithelia ciliedig – mae meinwe epithelaidd yn leinio gofodau mewn anifeiliaid, fel y system dreulio a'r system resbiradol
+ **cyhyr**, er enghraifft, cyhyr rhesog ac anrhesog – mae meinwe cyhyr yn cyfangu ac yn llaesu i symud rhannau o anifeiliaid
+ **meinwe gyswllt**, er enghraifft, colagen – meinwe adeileddol mewn anifeiliaid

Cysylltiadau

Mae celloedd epitheliwm ciliedig i'w cael yn y tracea a'r bronci, ac yn cael eu defnyddio i symud mwcws drwy ei wthio ymlaen. Mae mwy o fanylion am adeiledd y system resbiradol ym mhennod 8. *Addasiadau ar gyfer cyfnewid nwyon.*

Cyngor

Rhaid i chi allu defnyddio a thrin y fformiwla chwyddhad:

$$chwyddhad = \frac{maint\ y\ ddelwedd}{maint\ y\ gwrthrych\ gwirioneddol}$$

Mae'r cwestiynau hyn hefyd yn aml yn cynnwys trawsnewid unedau a ffurf safonol.

Mae sylem a ffloem yn enghreifftiau o feinweoedd planhigyn. Mae meinweoedd yn gallu cyfuno i ffurfio organau i gyflawni swyddogaeth benodol. Rhai enghreifftiau o organau mewn anifeiliaid yw'r ymennydd a'r galon. Mae gwreiddiau a dail yn enghreifftiau o organau planhigyn. Mae organau'n ffurfio systemau organau, er enghraifft y system resbiradol neu'r system dreulio mewn mamolion.

Rydyn ni'n symleiddio ein diagramau o gelloedd i'w gwneud nhw'n haws eu deall. Wrth edrych ar gelloedd o dan ficrosgop golau dydy'r organynnau (heblaw'r cnewyllyn) ddim yn weladwy. Fodd bynnag, drwy ddefnyddio microsgop electronau, mae'n bosibl cynhyrchu delweddau sy'n dangos yr organynnau.

Profi eich hun
PROFI

5 Sut mae'r ribosomau mewn procaryotau yn wahanol i'r rhai mewn ewcaryotau?
6 Beth yw dwy brif gydran firws?
7 Beth yw'r gwahaniaeth rhwng organau a meinweoedd?
8 Rhowch ddwy enghraifft o organau planhigyn.

27

Graddnodi'r microsgop golau â chwyddhad isel ac uchel

Dyma sgìl pwysig i fesur samplau yn fanwl gywir ar sleidiau microsgop.

+ Fel arfer, bydd tri neu bedwar lens gwrthrychiadur ar y microsgopau y byddwch chi'n eu defnyddio, â chwyddhad ×4, ×10, ×40 a ×100.
+ Mae'r ddelwedd mae'r lensiau hyn yn ei ffurfio yn cael ei chwyddo eto gan lens y sylladur, sydd fel arfer yn ×10. Mae hyn felly yn rhoi cyfanswm chwyddhad o ×40, ×100, ×400 a ×1000.
+ Mae'r lens ×100 yn lens trochi mewn olew, sy'n golygu bod rhaid rhoi diferyn o olew ar y sleid a gostwng y lens i mewn iddo yn ofalus.

Wrth ddefnyddio microsgop golau i edrych ar sleidiau sydd wedi'u paratoi:

+ Defnyddiwch y lens gwrthrychiadur â'r pŵer isel (×4) yn gyntaf.
+ Ar ôl rhoi'r sleid ar y llwyfan, symudwch hi fel ei bod yn y canol o dan y lens a defnyddiwch yr olwyn ffocysu i ffocysu ar y gwrthrych.
+ Os gwelwch chi rywbeth hoffech chi edrych arno â chwyddhad uchel, symudwch y lens gwrthrychiadur ×40 i'w lle.

I ffocysu, edrychwch drwy'r sylladur a throi'r olwyn ffocws manwl, gan ofalu nad yw'r lens yn cyffwrdd â'r sleid.

Rydyn ni'n defnyddio sylladur graticiwl i fesur celloedd a ffurfiadau mewn celloedd. Cyn defnyddio'r raddfa, mae'n rhaid ei graddnodi. Mae hyn oherwydd bod y pellter gwirioneddol rhwng y rhaniadau ar y raddfa yn dibynnu ar y chwyddhad. Wrth i chi gynyddu chwyddhad eich microsgop, bydd pob rhaniad yn cynrychioli hyd byrrach.

I raddnodi microsgop:

+ Rhowch y micromedr llwyfan ar lwyfan y microsgop ac unionwch sero ar y sylladur graticiwl â sero ar y micromedr llwyfan.
+ Cofnodwch nifer y rhaniadau sylladur sy'n cyfateb i 10 rhaniad micromedr llwyfan.
+ Cyfrifwch y pellter gwirioneddol rhwng y rhaniadau ar y sylladur graticiwl.

Wrth fesur lled gwrthrych fel cell, rhowch y sylladur graticiwl dros y gwrthrych a chyfrwch nifer y rhaniadau sylladur graticiwl.

Cyfrifwch yr hyd gwirioneddol gan ddefnyddio'r fformiwla hon:

hyd gwirioneddol = nifer yr unedau sylladur × graddnodiad

Paratoi sleid o gelloedd byw a gwneud lluniad gwyddonol ohoni

Wrth wneud lluniad gwyddonol, defnyddiwch y rheolau canlynol:

+ Gwnewch i'r lluniad lenwi o leiaf hanner y lle sydd ar gael; gadewch le o gwmpas y lluniad ar gyfer labeli a nodiadau.
+ Defnyddiwch bensil miniog.
+ Defnyddiwch linellau tenau, unigol, clir a pharhaus.
+ Dangoswch amlinelliadau'r meinweoedd.
+ Gwnewch gyfrannau'r meinweoedd yn y diagram yr un fath ag ar y sleid microsgop.
+ Peidiwch â defnyddio unrhyw liwio na thywyllu.
+ Rhowch deitl addas i'r lluniad, gan gynnwys enw gwyddonol yr organeb.

Cyfrifo maint gwirioneddol a chwyddhad

Mae hwn yn bwnc cyffredin i gwestiynau arholiad, felly gwnewch yn siŵr eich bod yn gyfforddus wrth ddefnyddio ac ad-drefnu'r hafaliad chwyddhad canlynol:

$$chwyddhad = \frac{maint\ y\ ddelwedd}{maint\ y\ gwrthrych}$$

Enghraifft wedi'i datrys 1

Mae disgybl yn arsylwi ar sampl o feinweoedd cyhyr o dan y microsgop. Mae'n graddnodi'r microsgop gan ddefnyddio micromedr llwyfan lle mae pob rhaniad yn hafal i 0.1 mm.

Mae'n canfod bod 40 o'r rhaniadau ar y sylladur graticiwl yn hafal i 10 rhaniad ar y micromedr llwyfan.

Mae lled y sampl o feinwe cyhyr yn 100 rhaniad sylladur. Beth yw ei led gwirioneddol mewn µm?

Ateb

Cam 1: Cyfrifo lled gwirioneddol pob rhaniad sylladur. I wneud hyn, yn gyntaf mae angen lluosi nifer y rhaniadau ar y micromedr llwyfan â hyd un rhaniad:

40 rhaniad sylladur = 10 rhaniad ar y micromedr llwyfan × 0.1 mm

40 rhaniad sylladur = 1 mm

Cam 2: Nawr, mae angen rhannu dwy ochr yr hafaliad â nifer y rhaniadau sylladur i ganfod hyd gwirioneddol un rhaniad:

$$1\ rhaniad\ sylladur = \frac{1}{40} = 0.025\,mm$$

Cam 3: Gan fod yr hyd hwn mewn mm, mae angen ei luosi â 1000 i ganfod hyd un rhaniad sylladur mewn µm.

1 rhaniad sylladur = 0.025 × 1000 = 25 µm

Cam 4: Lluosi gwerth un rhaniad sylladur â'r mesuriad ar y sylladur yn y cwestiwn

25 × 100 = 2500 µm

Lled gwirioneddol y sampl o feinwe cyhyr yw 2500 µm.

Enghraifft wedi'i datrys 2

Mae lled cnewyllyn yn 6 μm. Os yw'n cael ei luniadu â chwyddhad 2×10^4, beth yw lled y cnewyllyn yn y lluniad? Rhowch eich ateb mewn mm.

Ateb

Cam 1: Mae'r cwestiwn yn gofyn am y lled yn y lluniad, h.y. maint y ddelwedd, felly mae angen i ni wneud hynny'n destun yr hafaliad. I wneud hyn, mae angen lluosi dwy ochr yr hafaliad â maint y gwrthrych i gael:

maint y ddelwedd = chwyddhad × maint y gwrthrych

Cam 2: Amnewid y rhifau hyn i mewn i'r hafaliad:

maint y ddelwedd = $2 \times 10^4 \times 6$ μm

$= 12 \times 10^4$ μm

$= 1.2 \times 10^5$ μm

Cam 3: I drawsnewid o μm i mm, mae angen rhannu â 1000:

$$\frac{1.2 \times 10^5 \text{ μm}}{1000}$$

$= 1.2 \times 10^2$ mm

Gellir ysgrifennu hyn hefyd fel 120 mm.

Cwestiynau ymarfer

1 Mae disgybl yn defnyddio microsgop i wneud lluniad o doriad ardraws drwy rydweli. Mae'r disgybl yn lluniadu lwmen y rhydweli â lled 12 cm ac mae'n mesur bod lled y lwmen yn 500 μm ar y sleid microsgop. Pa chwyddhad mae'r disgybl yn ei ddefnyddio wrth arsylwi ar y toriad drwy'r rhydweli?

2 Mae disgybl yn defnyddio microsgop i luniadu sampl o feinwe planhigyn. Mae'n defnyddio micromedr llwyfan â rhaniadau yn hafal i 0.1 mm.

Wrth raddnodi'r microsgop, mae'n canfod bod 100 o'r rhaniadau ar y sylladur graticiwl yn hafal i 10 rhaniad ar y micromedr llwyfan.

Mae hyd y sampl o feinwe planhigyn yn 75 rhaniad sylladur. Beth yw ei hyd mewn μm?

Crynodeb

Dylech chi allu:

+ Esbonio damcaniaeth celloedd a phwysigrwydd pilenni mewnol i gelloedd ewcaryot.
+ Labelu'r holl organynnau sydd i'w cael mewn celloedd anifail, celloedd planhigyn a chelloedd procaryot a'u hadnabod nhw ar ficrograffau electronau.
+ Esbonio swyddogaethau'r gwahanol rannau o'r cnewyllyn, y cloroplast a'r mitocondria a labelu'r rhannau hyn ar ddiagram.
+ Esbonio swyddogaethau'r reticwlwm endoplasmig garw, ribosomau, reticwlwm endoplasmig llyfn, organigyn Golgi, lysosomau, centriolau, gwagolyn, cellfur a phlasmodesmata.
+ Esbonio'r gwahaniaethau rhwng adeiledd procaryotau ac ewcaryotau, gan bwysleisio'n benodol y diffyg organynnau â philen yn y procaryot a'r ffaith bod y DNA yn rhydd yn y cytoplasm.
+ Disgrifio adeiledd sylfaenol firws.
+ Disgrifio meinweoedd ac organau, a rhoi enghreifftiau penodol o feinweoedd sydd mewn anifeiliaid a phlanhigion.

Cwestiynau enghreifftiol

1 Mae ribosomau'n gwneud yr un swyddogaeth mewn procaryotau ac ewcaryotau.

a Nodwch y swyddogaeth hon. [1]

b Sut mae'r ribosomau mewn procaryotau yn wahanol i'r rhai sydd mewn ewcaryotau? [1]

c Mae disgybl yn ysgrifennu'r disgrifiad canlynol o swyddogaeth ribosomau.

Yn ogystal â'r ffaith bod y ribosomau'n gwneud yr un swyddogaeth mewn ewcaryotau a phrocaryotau, maen nhw hefyd yn cael yr mRNA i wneud y swyddogaeth hon yn yr un ffordd. Mae'r mRNA yn cael ei gynhyrchu y tu mewn i'r cnewyllyn ac mae'n gadael drwy'r mandwll cnewyllol i deithio i'r ribosom yn y cytoplasm.

Gwerthuswch y gosodiad hwn. [3]

ch Mae'r ribosomau yn cynhyrchu'r ensymau sy'n cael eu defnyddio i ffurfio cellfuriau procaryotau a hefyd ewcaryotau. Does gan yr ensymau mewn procaryotau ddim yr un swbstradau na chynhyrchion ag ewcaryotau. Awgrymwch reswm dros hyn. [2]

d Dydy firysau ddim yn cynnwys yr ensymau sydd eu hangen i gynhyrchu eu cotiau protein eu hunain. Esboniwch pam. [2]

2 Mêr yr esgyrn sy'n cynhyrchu ffagocytau. Meinwe yw mêr yr esgyrn, ac mae'r esgyrn yn organau.

a Esboniwch beth gallwch chi ei ddiddwytho o'r gosodiad hwn. [2]

b Mae ffagocytau yn amlyncu pathogenau, ac yna mae lysosomau yn eu torri nhw lawr. Esboniwch y berthynas rhwng swyddogaethau'r reticwlwm endoplasmig garw, organigyn Golgi, a lysosom. [3]

3 Cellbilenni a chludiant

Mae pob mater sy'n mynd i mewn i gelloedd yn mynd trwy'r bilen blasmaidd

Mae'r bilen blasmaidd yn rhwystr i bob mater sy'n mynd i mewn i gelloedd. Enw arall arni yw pilen arwyneb y gell. Mae ganddi'r swyddogaethau canlynol:

+ rhoi adeiledd i'r gell
+ caniatáu i sylweddau fynd i mewn ac allan o'r gell
+ galluogi celloedd i adnabod ei gilydd ac anfon signalau i'w gilydd

Mae'r bilen blasmaidd yn athraidd ddetholus. Mae hyn yn golygu ei bod hi'n gallu rheoli beth sy'n mynd i mewn ac allan o'r gell.

Mae'r bilen blasmaidd wedi'i gwneud yn bennaf o foleciwlau ffosffolipid wedi'u trefnu mewn haen ddeuol

ADOLYGU ●

Pan gaiff y bilen ei staenio â llifyn sy'n hydawdd mewn dŵr, bydd hi'n edrych fel llinell ddwbl wrth edrych arni drwy ficrosgop electronau. Mae hyn oherwydd bod pennau hydroffilig y moleciwlau ffosffolipid yn derbyn y llifyn. Mae'r pellter ar draws y bilen yn 7–8 nm.

Mae pennau hydroffilig y moleciwlau ffosffolipid yn wynebu tuag allan ac mae'r cynffonnau hydroffobig yn wynebu tuag i mewn. Mae hyn yn ffurfio rhan hydroffobig, amholar yng nghanol yr haen ddeuol, sy'n atal ïonau â gwefr a moleciwlau polar, fel glwcos, rhag mynd drwodd. Mae Ffigur 3.1 yn dangos adeiledd y bilen blasmaidd.

> **Ffosffolipid** Moleciwl sy'n cynnwys 'pen' glyserol ffosffad hydroffilig a dwy 'gynffon' asid brasterog hydroffobig.

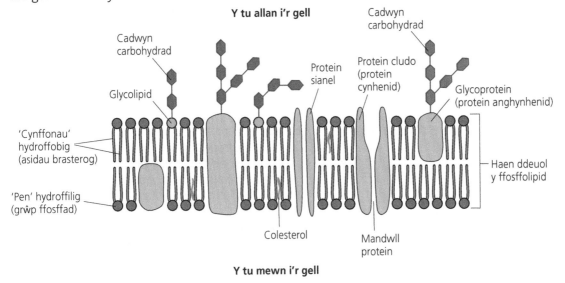

Ffigur 3.1 Adeiledd y bilen blasmaidd

Mae'r bilen blasmaidd hefyd yn cynnwys proteinau

ADOLYGU ●

Mae'r proteinau sydd i'w cael mewn pilenni plasmaidd wedi'u rhannu'n ddau fath:

Gallwch chi wirio eich atebion yma: **www.hoddereducation.co.uk/fynodiadauadolygu**

+ mae proteinau cynhenid yn gorwedd ar draws dwy haen y bilen (e.e. protein cludo)
+ mae proteinau anghynhenid naill ai yn un o haenau'r bilen neu ar arwyneb y bilen (e.e. glycoprotein)

Proteinau â chadwyn carbohydrad yn cydio wrthyn nhw yw glycoproteinau. Lipidau â chadwyn carbohydrad yn cydio wrthyn nhw yw glycolipidau. Mae glycoproteinau a hefyd glycolipidau yn helpu celloedd i adnabod ei gilydd.

Mae'r bilen hefyd yn cynnwys colesterol. Mae colesterol yn helpu i wneud y bilen yn fwy anhyblyg. Pan mae'r tymheredd yn cynyddu, mae'r moleciwlau sy'n gwneud y bilen yn ennill egni cinetig ac yn symud yn gyflymach. Mae hyn yn achosi i'r bilen fynd yn fwy hylifol (y cydrannau'n fwy rhydd i symud) ac felly'n fwy athraidd. Mewn arbrofion, gallwn ni ddefnyddio hydoddyddion organig (fel ethanol) i hydoddi'r ffosffolipidau, gan wneud y bilen yn fwy athraidd.

Y disgrifiad gorau o'r bilen blasmaidd yw'r model mosaig hylifol a gafodd ei gynnig gan Singer a Nicolson:
+ hylifol – gall pob rhan o'r bilen symud yn berthynol i'w gilydd
+ mosaig – mae proteinau wedi'u dotio drwy'r bilen i gyd fel teils mosaig

---

Profi eich hun   PROFI ⬤

1 Pam mae'r cynffonnau ffosffolipid yn pwyntio tuag i mewn yn haen ddeuol y ffosffolipid?

2 Esboniwch y gwahaniaeth rhwng proteinau cynhenid ac anghynhenid.

3 Beth yw swyddogaeth colesterol?

4 Beth yw'r gwahaniaeth rhwng glycolipid a glycoprotein?

Tryolediad yw symudiad net moleciwlau neu ïonau i lawr graddiant crynodiad

ADOLYGU ⬤

Trylediad yw symudiad net moleciwlau neu ïonau o ardal â chrynodiad uchel i ardal â chrynodiad is. Mae'n digwydd trwy haen ddeuol y ffosffolipid o ganlyniad i foleciwlau'n symud ar hap. Oherwydd cynffonnau hydroffobig y ffosffolipidau, dim ond moleciwlau sy'n hydawdd mewn lipidau, sy'n amholar a heb wefr, sy'n gallu tryledu trwy haen ddeuol y ffosffolipid. Dydy proteinau ddim yn ymwneud â'r broses. Gan fod y symudiad yn mynd i lawr y graddiant crynodiad, does dim angen egni cemegol ar ffurf ATP.

Mae enghreifftiau o foleciwlau sy'n tryledu trwy haen ddeuol y ffosffolipid yn cynnwys ocsigen a charbon deuocsid.

Mae angen proteinau pilenni ar gyfer trylediad cynorthwyedig

ADOLYGU ⬤

Mae moleciwlau polar mawr sy'n hydawdd mewn dŵr, ac ïonau â gwefr, yn mynd trwy'r bilen blasmaidd drwy gyfrwng trylediad cynorthwyedig. Mae trylediad cynorthwyedig yn golygu bod y moleciwl neu'r ïon yn mynd trwy brotein cludo neu fandwll hydroffilig o fewn protein sianel. Dydy moleciwlau polar ac ïonau ddim yn gallu mynd trwy graidd hydroffobig yr haen ddeuol. Gan fod trylediad cynorthwyedig yn fath o drylediad, mae symudiad y moleciwlau unwaith eto o ardal â chrynodiad uchel i ardal â chrynodiad is a does dim angen egni cemegol ar ffurf ATP. Mae glwcos yn enghraifft o foleciwl sy'n symud ar draws y bilen drwy gyfrwng trylediad cynorthwyedig.

Mae cyd-gludiant yn fath o drylediad cynorthwyedig lle caiff dau sylwedd eu cludo ar draws pilen ar yr un pryd gan brotein cludo. Un enghraifft o gyd-gludiant yw ymlifiad glwcos gyda Na^+ i mewn i gelloedd epithelaidd yr ilewm (coluddyn bach) gyda phroteinau cludo sodiwm-glwcos.

Mae Ffigur 3.2 yn dangos trydediad a thrylediad cynorthwyedig.

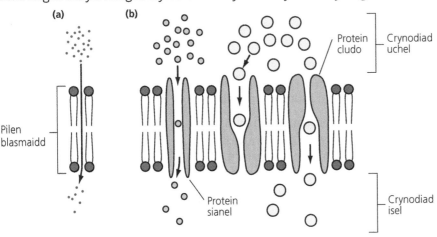

Ffigur 3.2 (a) Trylediad a (b) trylediad cynorthwyedig

Mae nifer o ffactorau'n cynyddu cyfradd trylediad:

+ cynyddu'r graddiant crynodiad
+ cynyddu hydoddedd mewn lipid
+ cynyddu'r tymheredd

Fel sydd i'w weld ar y graff yn Ffigur 3.3, wrth i'r gwahaniaeth crynodiad rhwng y tu mewn a'r tu allan i'r gell gynyddu, mae cyfradd tryledu'n cynyddu.

Mewn trylediad cynorthwyedig, fel mewn trylediad, wrth i'r gwahaniaeth crynodiad rhwng y tu mewn a'r tu allan i'r gell gynyddu, mae cyfradd trylediad cynorthwyedig yn cynyddu hefyd. Fodd bynnag, ar wahaniaethau crynodiad uchel iawn, mae cyfradd trylediad cynorthwyedig yn cyrraedd uchafswm ac yn lefelu. Mae hyn oherwydd bod y proteinau cludo neu'r proteinau sianel yn y bilen blasmaidd sy'n cael eu defnyddio ar gyfer trylediad cynorthwyedig yn mynd yn ddirlawn, h.y. yn llawn drwy'r amser. Felly, dydy cynnydd pellach yn y gwahaniaeth crynodiad rhwng y tu mewn a'r tu allan i'r gell ddim yn cynyddu cyfradd trylediad cynorthwyedig ymhellach.

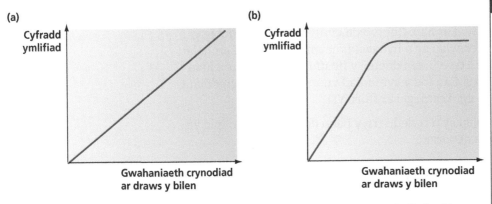

Ffigur 3.3 Effaith gwahaniaeth crynodiad ar draws pilen ar gyfradd (a) trylediad a (b) trylediad cynorthwyedig

Cyngor

Mae siâp y graffiau hyn yn debyg i rai graffiau ensymau y byddwn ni'n edrych arnyn nhw'n nes ymlaen. Peidiwch â chymysgu'r ddau: maen nhw'n cynrychioli pethau hollol wahanol. Defnyddiwch yr echelinau a'r unedau ar y graff i nodi beth mae'r graff yn ei ddangos.

Cludiant actif yw symudiad moleciwlau neu ïonau i fyny graddiant crynodiad

ADOLYGU

Gan fod cludiant actif yn symudiad yn erbyn y graddiant crynodiad, o fan â chrynodiad isel i fan â chrynodiad uwch, mae angen egni cemegol ar ffurf ATP. Mae protein cludo yn y bilen blasmaidd yn cael ei ddefnyddio fel pwmp. Un enghraifft o gludiant actif yw cludo ïonau mwynol fel nitradau i mewn i gelloedd gwreiddflew planhigion.

Gallwch chi wirio eich atebion yma: **www.hoddereducation.co.uk/fynodiadauadolygu**

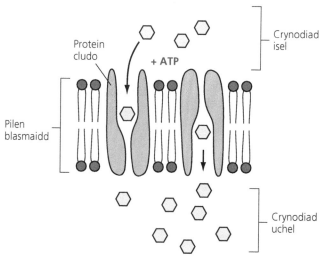

Ffigur 3.4 Cludiant actif

Mewn amodau arbrofol, gallwn ni atal cludiant actif drwy ychwanegu gwenwyn metabolaidd fel cyanid. Mae cyanid yn atal ATP rhag cael ei gynhyrchu. Gan fod angen ATP ar gyfer cludiant actif, does dim cludiant actif yn digwydd.

Gwneud cysylltiadau

Mae ïonau mwynol yn cael eu cludo'n actif i mewn i gelloedd gwreiddflew o'r pridd. Mae hyn yn gostwng potensial dŵr y celloedd gwreiddflew ac yn achosi i ddŵr symud i mewn drwy gyfrwng osmosis. Yna, mae dŵr yn symud trwy gortecs y gwreiddyn ar y llwybrau apoplast, symplast a gwagolaidd.

Gall celloedd ryddhau moleciwlau mawr drwy gyfrwng ecsocytosis

Mae fesigl yn asio â'r bilen blasmaidd ac mae'r moleciwl yn y fesigl yn cael ei ryddhau i'r tu allan i'r gell. Un enghraifft o hyn yw ffurfio protein wedi'i addasu (fel hormon) mewn organigyn Golgi a'i ryddhau drwy gyfrwng ecsocytosis. Wrth i'r fesigl asio â'r bilen blasmaidd, mae arwynebedd arwyneb y bilen blasmaidd yn cynyddu. Mae angen ATP ar gyfer ecsocytosis, ac mae hyn yn bwysig mewn celloedd sy'n secretu.

Gall y gell dderbyn sylweddau mawr drwy gyfrwng endocytosis

Mewn endocytosis, mae'r bilen blasmaidd yn plygu o gwmpas y moleciwl ac yn ei amlyncu. Yna, caiff y sylwedd ei ddal mewn fesigl neu wagolyn y tu mewn i'r gell. Gellir rhannu endocytosis yn ddau gategori:
+ ffagocytosis – endocytosis sylwedd mawr, solid, er enghraifft celloedd gwyn y gwaed yn amlyncu bacteria
+ pinocytosis – endocytosis sylweddau llai, fel hylifau

Wrth i fesigl ffurfio o'r bilen blasmaidd yn ystod endocytosis, mae arwynebedd arwyneb y bilen blasmaidd yn lleihau. Mae Ffigur 3.5 yn dangos prosesau endocytosis ac ecsocytosis.

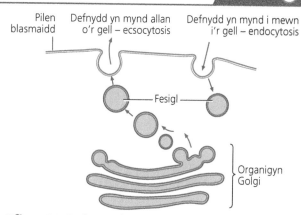

Ffigur 3.5 Endocytosis ac ecsocytosis

Mae dŵr yn symud ar draws y bilen blasmaidd drwy gyfrwng osmosis

Osmosis yw symudiad moleciwlau dŵr o botensial dŵr uwch i botensial dŵr is ar draws pilen athraidd ddetholus. Potensial dŵr yw egni potensial dŵr o'i gymharu â dŵr pur. Mae pilen athraidd ddetholus (fel pilen blasmaidd cell) yn bwysig i osmosis gan ei bod yn sicrhau nad yw'r hydoddyn hefyd yn tryledu ac yn gwrthweithio effaith osmosis.

potensial dŵr cell (Ψ_{cell}) = potensial hydoddyn (Ψ_s) + potensial gwasgedd (Ψ_p)

+ Mae'r potensial hydoddyn (Ψ_s) yn cael ei gynhyrchu gan yr hydoddion sydd wedi hydoddi yn y dŵr.
+ Y potensial gwasgedd (Ψ_p) yw'r gwasgedd mae'r cytoplasm yn ei gynhyrchu drwy wthio ar y cellfur os oes gan y gell un. Gan fod y cellfur yn anhyblyg ac yn anelastig, mae'n gwrthsefyll y gwasgedd hwn.

Mae gan ddŵr pur botensial dŵr o 0 kPa. Dyma'r potensial dŵr uchaf posibl, felly mae gan bob hydoddiant botensial dŵr negatif. Weithiau, gallwn ni ddisgrifio osmosis fel symudiad o botensial dŵr llai negatif i un mwy negatif.

Yn ystod osmosis rydyn ni'n galw'r hydoddiant â'r potensial dŵr uchaf yn hydoddiant hypotonig, a'r hydoddiant â'r potensial dŵr isaf yn hypertonig. Bydd osmosis yn parhau nes bod potensial dŵr y ddau hydoddiant yr un fath. Yna, bydd y ddau hydoddiant yn isotonig. Ar y pwynt hwn, mae dŵr yn dal i symud ond does dim symudiad dŵr net (felly, ar y cyfan, bydd y potensialau dŵr yn aros yr un fath).

Bydd celloedd planhigyn mewn hydoddiant hypertonig yn colli dŵr ac yn mynd yn llipa ac yn plasmolysu. Mae plasmolysis yn golygu bod y cytoplasm yn crebachu ac yn tynnu oddi wrth y cellfur. Bydd hyn yn achosi i blanhigyn wywo. Os caiff celloedd planhigyn eu rhoi mewn hydoddiant hypotonig, byddan nhw'n ennill dŵr, yn chwyddo ac yn mynd yn chwydd-dynn. Mae hyn yn bwysig gan ei fod yn sicrhau bod planhigion yn sefyll yn unionsyth. Mae Ffigur 3.6 yn crynhoi ymddygiad celloedd planhigion a chelloedd anifeiliaid mewn hydoddiannau hypotonig, hypertonig ac isotonig.

Bydd celloedd anifail mewn hydoddiant hypertonig yn colli dŵr ac yn crebachu. Mae celloedd gwaed yn hicio. Os caiff celloedd anifail eu rhoi mewn hydoddiant hypotonig, byddan nhw'n ennill dŵr, yn chwyddo ac yna'n byrstio.

Cyngor

Mae'n rhaid i chi allu ad-drefnu'r hafaliad hwn i gyfrifo potensial gwasgedd neu botensial hydoddyn. Gan fod potensialau gwasgedd yn gorfod bod yn sero neu'n bositif, a photensialau hydoddyn a dŵr yn gorfod bod yn sero neu'n negatif, mae'n hawdd gweld os ydych chi wedi gwneud camgymeriad.

Cyngor

Mae'n hawdd drysu wrth geisio canfod cyfeiriadau osmosis. Cofiwch fod dŵr bob amser yn teithio o botensial dŵr uwch (yn agosach at sero) i botensial dŵr is (yn bellach oddi wrth sero).

Hypotonig Hydoddiant â photensial dŵr uwch.

Hypertonig Hydoddiant â photensial dŵr is.

Isotonig Hydoddiannau â photensial dŵr sy'n hafal.

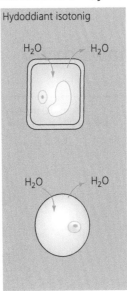
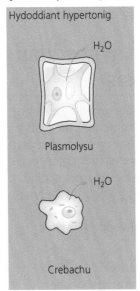

Ffigur 3.6 Ymddygiad celloedd planhigion a chelloedd anifeiliaid mewn hydoddiant

Plasmolysis cychwynnol yw'r pwynt lle mae'r cytoplasm yn dechrau dod yn rhydd o'r cellfur. Gallwn ni ei ganfod yn arbrofol drwy arsylwi ar y potensial hydoddyn lle mae hanner y celloedd planhigyn mewn sampl wedi plasmolysu.

Gallwch chi wirio eich atebion yma: **www.hoddereducation.co.uk/fynodiadauadolygu**

Ar bwynt plasmolysis cychwynnol, mae'r potensial hydoddyn yn hafal i'r potensial dŵr. Mae hyn oherwydd bod y potensial gwasgedd yn sero gan nad yw'r cytoplasm yn gwthio yn erbyn y cellfur.

5 Sut mae trylediad yn wahanol i dryllediad cynorthwyedig?

6 Beth yw'r gwahaniaeth rhwng endocytosis ac ecsocytosis?

7 Beth sy'n cynhyrchu'r potensial gwasgedd mewn cell planhigyn?

8 Beth sy'n digwydd i gell planhigyn pan mae'n cael ei rhoi mewn hydoddiant hypertonig?

Gweithgaredd adolygu

Cynhyrchwch dabl crynodeb i gymharu'r gwahanol fathau o gludiant. Yn hytrach na dim ond cofnodi tic neu groes, ychwanegwch nodiadau ychwanegol pryd bynnag bydd hynny'n bosibl. Defnyddiwch y tabl hwn i brofi eich hun ar nodweddion allweddol pob math o gludiant.

Mae rhai penawdau colofnau enghreifftiol i'w gweld isod.

Math o gludiant	Dull symud trwy'r bilen blasmaidd	Angen ATP?	I lawr graddiant crynodiad neu yn erbyn y crynodiad?	Enghreifftiau

Sgiliau mathemategol

Newid testun hafaliad

Mae'r potensial dŵr mewn cell yn −189 kPa ac mae'r potensial hydoddyn yn −256 kPa. Beth yw'r potensial gwasgedd yn y gell?

Cam 1: Ysgrifennu'r hafaliad y mae angen i chi ei ddefnyddio. Hafaliad potensial dŵr yw

$$\Psi = \Psi_s + \Psi_p$$

lle Ψ_s yw'r potensial hydoddyn a Ψ_p yw'r potensial gwasgedd.

Cam 2: Rydyn ni'n ceisio canfod y potensial gwasgedd, felly mae angen i ni wneud hynny'n destun yr hafaliad. I wneud hyn, mae angen tynnu Ψ_s o'r ddwy ochr i'r hafaliad:

$$\Psi - \Psi_s = \Psi_s + \Psi_p - \Psi_s$$

sy'n rhoi:

$$\Psi_p = \Psi - \Psi_s$$

Cam 3: Amnewid y gwerthoedd sydd wedi'u rhoi i mewn i'r hafaliad:

$$\Psi_p = \Psi - \Psi_s$$

$$= -189 - (-256)$$

$$= -189 + 256$$

$$= 67 \, kPa$$

Felly, y potensial gwasgedd yw 67 kPa.

Canfod rhyngdoriad graff

Efallai fydd angen i chi ganfod rhyngdoriad graff, sef y pwynt lle mae'r graff yn croesi un o'r echelinau. Fel arfer, bydd cwestiynau arholiad yn gofyn i chi ganfod y rhyngdoriad ar yr echelin x. I wneud hyn, mae angen naill ai darllen y gwerth, x, lle mae'r llinell neu'r gromlin yn croesi'r echelin x, neu, os nad yw'r pwynt croesi i'w weld ar y graff, efallai y gallwch chi allosod o'r llinell i ganfod ble mae'n rhyngdorri'r echelin x.

Enghraifft wedi'i datrys

Mae'r graff yn Ffigur 3.7 yn dangos newid màs sampl taten sy'n cael ei roi mewn gwahanol grynodiadau o sodiwm clorid. Ar ba grynodiad sodiwm clorid fyddai yna ddim newid màs?

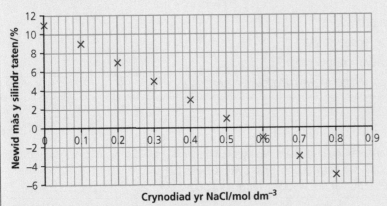

Ffigur 3.7 Newid ym màs silindr taten ar wahanol grynodiadau

Ateb

Mae angen i ni ganfod y gwerth x (crynodiad sodiwm clorid) lle mae'r gwerth y (newid màs) yn sero; dyma ryngdoriad yr echelin x. Tynnu llinell syth drwy'r pwyntiau data ac edrych ble mae'n croesi'r echelin x (Ffigur 3.8).

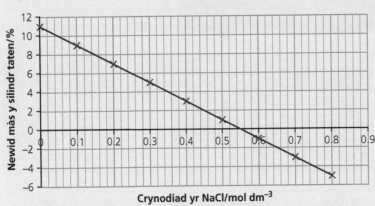

Ffigur 3.8 Newid ym màs silindr taten ar wahanol grynodiadau, gan ddangos rhyngdoriad yr echelin x

Pwynt y rhyngdoriad yw 0.55 mol dm^{-3}. Dyma'r pwynt lle does dim newid i fàs y daten.

Cwestiynau ymarfer

1 Mae'r graff yn dangos newid màs meinwe taten felys sy'n cael ei rhoi mewn gwahanol grynodiadau o sodiwm clorid. Rhagfynegwch ar ba grynodiad fydd dim newid màs yn digwydd.

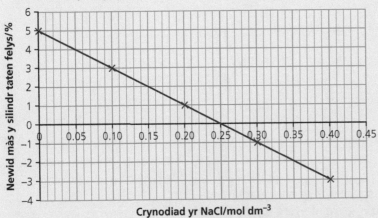

Ffigur 3.9 Newid ym màs silindr taten felys ar wahanol grynodiadau

2 Mae gan gell planhigyn botensial gwasgedd o 75 kPa a photensial dŵr o −238 kPa. Defnyddiwch yr hafaliad potensial dŵr i gyfrifo potensial hydoddyn y gell.

Gallwch chi wirio eich atebion yma: **www.hoddereducation.co.uk/fynodiadauadolygu**

Darganfod potensial dŵr drwy fesur newidiadau mewn màs/hyd

Yn yr ymchwiliad hwn, mae angen i chi ganfod potensial dŵr celloedd planhigyn. Byddwch chi'n defnyddio gwahanol grynodiadau hydoddiant swcros fel yr hydoddyn allanol, a bydd gan bob un o'r rhain wahanol botensialau dŵr. Drwy ganfod potensial dŵr yr hydoddiant ar y pwynt lle dydy'r màs ddim yn newid, byddwch chi yna'n gwybod potensial dŵr y celloedd yn y sampl o feinwe planhigyn.

✚ Torrwch greiddiau o'r un maint a'r un hyd o daten.
✚ Cofnodwch fàs cychwynnol pob craidd.
✚ Rhowch bob craidd mewn hydoddiannau â gwahanol grynodiadau swcros am amser penodol.
✚ Cofnodwch fàs terfynol pob craidd.
✚ Cyfrifwch y newid canrannol i fàs pob craidd.
✚ Lluniwch graff o newid màs % dros grynodiad swcros.
✚ Darganfyddwch y rhyngdoriad ar yr echelin x. Dyma'r pwynt lle does dim newid màs.

Mae Ffigur 3.10 yn dangos newid màs silindr taten mewn gwahanol botensialau hydoddyn allanol.

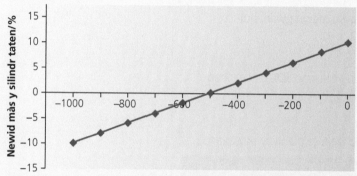

Ffigur 3.10 Newid màs silindr taten ar wahanol botensialau hydoddyn allanol

Defnyddiwch y graff i amcangyfrif potensial dŵr y silindr taten.

Gan fod y llinell yn croesi'r echelin x ar −500 kPa, dyma'r pwynt lle mae'r newid màs yn sero. Felly, ar y pwynt hwn mae potensial dŵr yr hydoddiant yr un fath â'r daten. Felly, mae'r potensial dŵr yn −500 kPa.

Darganfod potensial hydoddyn drwy fesur gradd y plasmolysis cychwynnol

Gellir gwneud y dasg ymarferol hon mewn ffordd debyg i ganfod y potensial dŵr.

✚ Gwnewch gyfres o hydoddiannau sodiwm clorid ag amrediad o wahanol grynodiadau a rhowch ddarn o epidermis winwnsyn ym mhob un o'r hydoddiannau. Mae'n bwysig sicrhau bod yr epidermis mor denau â phosibl.
✚ Ar ôl 30 munud, archwiliwch yr epidermis winwnsyn dan y microsgop a chyfrwch nifer y celloedd sydd yn y maes gweld sydd wedi'u plasmolysu.
✚ Trawsnewidiwch y nifer hwn yn ganran y celloedd sydd wedi'u plasmolysu, a chofnodwch y canlyniad hwn.
✚ Ailadroddwch y broses hon ar gyfer y crynodiadau eraill.
✚ Lluniadwch graff o'ch canlyniadau, gan roi crynodiad sodiwm clorid ar yr echelin x, a % y celloedd sydd wedi'u plasmolysu ar yr echelin y.
✚ Defnyddiwch y graff hwn i ddarllen y crynodiad sodiwm clorid lle roedd 50% o'r celloedd wedi'u plasmolysu. Plasmolysis cychwynnol yw hyn.
✚ Defnyddiwch dabl cyfeirio i ganfod potensial hydoddyn y crynodiad hwn o hydoddiant sodiwm clorid. Mae plasmolysis cychwynnol yn golygu bod potensial dŵr = potensial yr hydoddyn, felly dyma botensial hydoddyn y celloedd.

Enghraifft wedi'i datrys

Mae ymchwiliad yn cael ei gynnal i osmosis mewn meinwe planhigyn. Mae nifer y celloedd sydd wedi'u plasmolysu ar wahanol botensialau hydoddyn yn cael eu cyfrif ac mae'r graff isod yn cael ei gynhyrchu.

Defnyddiwch y graff yn Ffigur 3.11 i ganfod pwynt plasmolysis cychwynnol yn y feinwe hon.

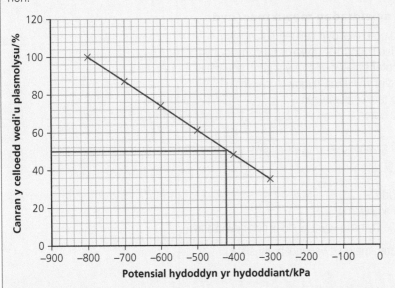

Ffigur 3.11 Canran y celloedd sydd wedi'u plasmolysu mewn gwahanol hydoddiannau

Ateb

Wrth ddarllen o'r graff (llinell goch), y potensial hydoddyn lle mae 50% o'r celloedd wedi'u plasmolysu yw –420 kPa.

Cwestiynau ymarfer

3 Mae'r tabl isod yn dangos canlyniadau ymchwiliad i feinwe planhigyn gwahanol.

Potensial hydoddyn	Cyfanswm nifer y celloedd sydd yn y maes gweld	Nifer y celloedd sydd wedi'u plasmolysu
–100	30	5
–200	54	17
–300	48	29
–400	38	34

Amcangyfrifwch botensial hydoddyn y celloedd ym meinwe'r planhigyn hwn. Esboniwch sut gwnaethoch chi gyrraedd eich ateb.

Sgiliau Ymarferol

Ymchwiliad i athreiddedd cellbilenni gan ddefnyddio betys

Mae celloedd betys yn cynnwys pigment coch o'r enw betalain. Mae'r pigment yn cael ei storio yng ngwagolynnau'r celloedd. Mae betalain yn folecwl rhy fawr i fynd trwy haen ddeuol ffosffolipid y tonoplast (y bilen o gwmpas y gwagolyn) a philen blasmaidd allanol y gell. Os yw athreiddedd y pilenni'n cynyddu, bydd mwy o'r betalain yn gadael y gell, gan wneud i'r hydoddiant y mae'r disgiau ynddo i droi'n lliw coch tywyllach.

+ Torrwch graidd betys o hyd penodol. Torrwch y craidd hwn yn nifer penodol o ddisgiau o'r un hyd.
+ Rhowch y disgiau mewn tiwb profi o ddŵr â chyfaint penodol mewn baddon dŵr.
+ Ar ôl cyfnod penodol, tynnwch y disgiau o'r hydoddiant.
+ Defnyddiwch golorimedr i ganfod trawsyriant golau drwy'r sampl.
+ Cofnodwch eich canlyniad ac ailadroddwch yr uchod ar o leiaf bedwar tymheredd arall.

Cyngor

Dylech chi osod y colorimedr i fesur trawsyriant golau glas neu wyrdd. Wrth i grynodiad y betalain yn yr hydoddiant gynyddu, bydd y lliw yn troi'n binc neu goch tywyllach. Bydd hyn yn arwain at lai o drawsyriant.

Enghraifft wedi'i datrys

1 Mae'r tabl isod yn dangos canlyniadau ymchwiliad i effaith tymheredd ar athreiddedd pilen betys.

Tymheredd/°C	Trawsyriant cymedrig/%
20	96
30	84
40	62
50	45
60	21

Gallwch chi wirio eich atebion yma: **www.hoddereducation.co.uk/fynodiadauadolygu**

a Disgrifiwch duedd y canlyniadau cymedrig.

b Esboniwch y duedd rydych chi wedi'i disgrifio yn rhan a.

Ateb

a Wrth i'r tymheredd gynyddu, mae'r trawsyriant cymedrig yn lleihau.

b Wrth i'r tymheredd gynyddu, mae'r bilen yn mynd yn fwy hylifol, felly mae'r betalain yn gallu tryledu allan o bilen y betys. Mae hyn yn lleihau'r trawsyriant gan fod y betalain yn amsugno'r golau.

Ar dymereddau uwch mae'r proteinau yn y bilen yn dadnatureiddio, gan adael bylchau yn y bilen, felly mae mwy o'r betalain yn gadael, gan leihau'r trawsyriant eto.

Cwestiynau ymarfer

4 a Esboniwch pam mae'n bwysig cyfrifo gwerthoedd cymedrig i bob tymheredd.

b Gellid cael patrwm tebyg o ganlyniadau wrth gynyddu crynodiadau hydoddyddion organig. Esboniwch pam.

Crynodeb

Dylech chi allu:

+ Esbonio swyddogaethau cyffredinol pilen blasmaidd cell.
+ Disgrifio adeiledd y bilen blasmaidd yn nhermau'r model mosaig hylifol gan gynnwys haen ddeuol y ffosffolipid, proteinau cynhenid ac anghynhenid, swyddogaeth cadwynau carbohydrad a cholesterol.
+ Esbonio effeithiau hydoddyddion organig a thymheredd ar athreiddedd y bilen blasmaidd.
+ Disgrifio prosesau trylediad, trylediad cynorthwyedig a chludiant actif, gan gynnwys enghreifftiau, cyfeiriad symud mewn perthynas â'r graddiant crynodiad, gofynion am ATP a llwybr drwy'r bilen blasmaidd.

+ Esbonio prosesau ecsocytosis ac endocytosis.
+ Disgrifio osmosis fel symudiad dŵr yn unig o botensial dŵr uchel i botensial dŵr isel drwy bilen athraidd ddetholus.
+ Deall yr hafaliad potensial dŵr a gallu ei ad-drefnu i gyfrifo'r potensial gwasgedd a'r potensial hydoddyn.
+ Defnyddio'r termau hypotonig, hypertonig ac isotonig i ddisgrifio gwahanol hydoddiannau, a gallu nodi'r cyfeiriad symud pan gewch chi'r hydoddiannau hyn.
+ Disgrifio ac esbonio effaith rhoi celloedd anifail mewn hydoddiannau hypotonig a hypertonig.

Cwestiynau enghreifftiol

1 Mae SCN1A yn sianel ïonau sy'n caniatáu i Na+ symud i mewn i gell.

a Ydy'r sianel ïonau hon yn brotein cynhenid neu anghynhenid? Esboniwch eich ateb. [2]

b Esboniwch pam mae angen i'r Na+ symud trwy sianel ïonau i fynd i mewn i'r gell. [2]

c Mae protein cludo arall hefyd yn cludo Na+ ar draws y gellbilen. Mae'r protein hwn yn gysylltiedig ag ensym, ATPas, sy'n rhyddhau egni o ATP. Awgrymwch sut mae'r protein hwn yn symud Na+ i mewn i'r gell. Esboniwch eich ateb. [2]

2 Mae'r graff yn Ffigur 3.12 yn dangos canlyniadau ymchwiliad i effaith maint moleciwl ar gyfradd tryledu moleciwlau drwy bilen blasmaidd ar ddau dymheredd, sef 15°C a 40°C.

a Disgrifiwch effaith maint moleciwl ar gyfradd tryledu trwy gellbilen ar 40°C. [2]

b Disgrifiwch ac esboniwch y gwahaniaeth rhwng y canlyniadau ar 15°C a 40°C yn nhermau hylifedd y bilen blasmaidd. [2]

c Wrth gynnal yr ymchwiliad hwn mae'n bwysig defnyddio moleciwlau amholar. Esboniwch pam. [1]

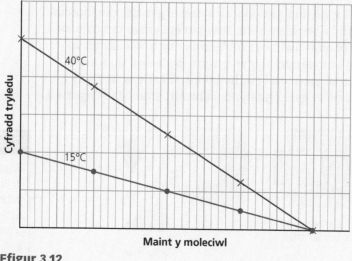

Ffigur 3.12

Catalyddion biolegol yw ensymau

Mae ensymau yn cyflawni catalysis, gan gyflymu adweithiau cemegol mewn organebau byw heb gael eu newid ar ddiwedd yr adweithiau. Mae'r ffaith nad ydyn nhw'n newid yn bwysig, oherwydd bod hyn yn golygu y gallwn ni eu hailddefnyddio nhw. Mae ensymau'n benodol – dim ond un adwaith mae pob un yn ei gatalyddu.

Metabolaeth yw'r enw ar yr holl adweithiau cemegol mewn celloedd. Ensymau sy'n rheoli'r adweithiau sy'n gwneud metabolaeth cell.

> **Ensym** Catalydd biolegol sy'n cyflymu cyfradd adwaith drwy ostwng ei egni actifadu.
>
> **Catalysis** Cynyddu cyfradd adwaith cemegol drwy ychwanegu catalydd.

Er mwyn i adwaith ddigwydd, mae angen lefel benodol o egni actifadu

ADOLYGU

Mae ensymau'n galluogi'r adwaith i ddigwydd gydag egni actifadu is. Mae hyn yn golygu bod adweithiau cemegol yn gallu digwydd ar gyfraddau uchel hyd yn oed ar dymereddau cymharol isel, fel y rhai sydd i'w cael yng nghelloedd organebau byw. Mae Ffigur 4.1 yn dangos egni actifadu. Mae ensymau'n gallu gweithredu naill ai yn fewngellol (y tu mewn i gelloedd) neu yn allgellol (y tu allan i gelloedd). Mae ensymau treulio bodau dynol yn ensymau allgellol.

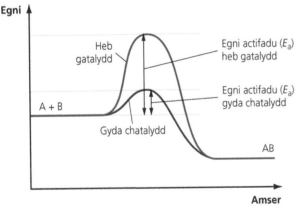

Ffigur 4.1 Effaith catalydd ar egni actifadu adwaith

Proteinau crwn yw ensymau

ADOLYGU

Mae gan ensymau adeiledd trydyddol penodol sy'n cael ei gynnal gan fondiau hydrogen, bondiau deusylffid a bondiau ïonig. Mae gan ensymau ran o'r enw safle actif. Mae'r swbstrad (y moleciwl neu'r moleciwlau sy'n adweithio) yn mynd i mewn i'r safle actif ac mae cymhlygyn ensym–swbstrad yn ffurfio. Mae cynhyrchion yn ffurfio ac yna'n cael eu rhyddhau o'r safle actif. Dydy'r ensym ddim yn newid ac mae ar gael i gatalyddu adwaith arall. Mae Ffigur 4.2 yn dangos hyn.

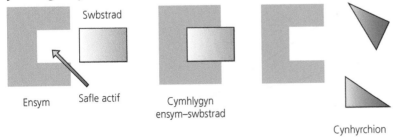

> **Cyngor**
>
> Yr agwedd allweddol ar actifedd ensym yw ei safle actif. Bydd disgwyl i chi esbonio ei bwysigrwydd a chysylltu hyn â'ch gwybodaeth am adeiledd protein.

Ffigur 4.2 Sut mae ensym yn gweithio

Gallwch chi wirio eich atebion yma: **www.hoddereducation.co.uk/fynodiadauadolygu**

Er mwyn ffurfio cynnyrch, rhaid i wrthdrawiad llwyddiannus (un â digon o egni actifadu) ddigwydd rhwng moleciwl swbstrad a safle actif ensym.

Mae dwy ddamcaniaeth ynghylch sut mae ensymau'n gweithio

ADOLYGU

✚ **Y ddamcaniaeth clo ac allwedd** Mae safle actif yr ensym yn siâp cyflenwol i'r swbstrad. Mae'r swbstrad yn mynd i mewn i'r safle actif ac mae cymhlygyn ensym–swbstrad yn ffurfio. Yna, mae'r cynhyrchion yn ffurfio ac yn gadael y safle actif.

✚ **Y ddamcaniaeth ffit anwythol** Yn ôl y ddamcaniaeth fwy diweddar hon, mae'r safle actif yn newid ei siâp ychydig bach i ffitio'r swbstrad. Eto, mae'r cymhlygyn ensym–swbstrad yn ffurfio a'r cynhyrchion yn cael eu rhyddhau. Yna, mae safle actif yr ensym yn mynd yn ôl i'w siâp gwreiddiol. Rydyn ni'n meddwl bod lysosym yn enghraifft o ensym sy'n defnyddio'r mecanwaith ffit anwythol. Mae lysosym yn difrodi cellfuriau bacteriol ac mae i'w gael mewn dagrau a phoer.

> **Cyngor**
>
> Gallai cwestiwn am ensymau brofi llawer o wahanol sgiliau mathemategol. Dylech chi sicrhau eich bod chi'n gyfforddus wrth ddeillio unedau, cyfrifo cyfraddau, a defnyddio goledd tangiad i gromlin fel mesur o gyfradd newid, a deall bod $y = mx + c$, yn cynrychioli perthynas linol.

Gallwn ni ganfod cyfradd adwaith ensym ar graff

ADOLYGU

Drwy fesur crynodiad y swbstrad neu'r cynnyrch dros amser, gallwn ni gyfrifo cyfradd adwaith. Mae cwestiynau arholiad am ensymau yn aml yn seiliedig ar graffiau sy'n dangos canlyniadau'r ymchwiliadau hyn (Ffigur 4.3). Ar y graffiau hyn, mae graddiant y llinell yn dangos cyfradd yr adwaith. Mae graddiant mwy serth yn dangos bod cyfradd yr adwaith yn gyflymach. Bydd unrhyw ffactor sy'n cynyddu nifer y gwrthdrawiadau llwyddiannus rhwng safleoedd actif a swbstradau bob uned amser yn cynyddu cyfradd yr adwaith.

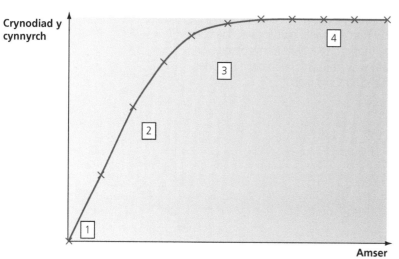

Ffigur 4.3 Newid crynodiad cynnyrch dros amser

Yn Ffigur 4.3:

1 Ar amser sero, mae crynodiad y cynhyrchion hefyd yn sero oherwydd dydy'r adwaith heb ddechrau.

2 Wrth i amser fynd heibio, mae crynodiad y cynhyrchion yn cynyddu. Erbyn hyn, crynodiad yr ensym yw'r ffactor cyfyngol. Pe bai mwy o ensymau'n cael eu hychwanegu, byddai cyfradd yr adwaith yn gyflymach.

3 Mae'r adwaith yn dechrau arafu. Mae hyn oherwydd bod y rhan fwyaf o'r swbstrad wedi'i drawsnewid yn gynhyrchion. Mae'r swbstrad yn *mynd yn brin* ac felly mae llai o siawns o wrthdrawiad llwyddiannus rhwng moleciwl swbstrad a safle actif. Erbyn hyn, crynodiad y swbstrad yw'r ffactor cyfyngol yn yr adwaith.

4 Mae crynodiad y cynhyrchion yn lefelu ac yn aros yn gyson. Mae'r swbstrad i gyd wedi'i drawsnewid yn gynhyrchion ac mae'r adwaith wedi dod i ben.

Gallwn ni ddangos yr un adwaith gan ddefnyddio graff crynodiad swbstrad dros amser, fel yn Ffigur 4.4.

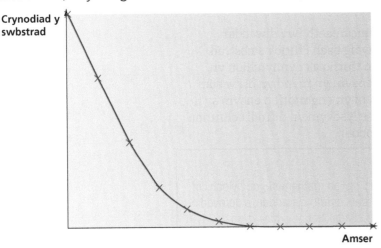

Ffigur 4.4 Newid crynodiad swbstrad dros amser

Eto, mae cyfradd yr adwaith yn uchel i ddechrau (mae graddiant y graff yn serth) a chrynodiad yr ensym sy'n gyfyngol. Yna, mae cyfradd yr adwaith yn arafu wrth i'r rhan fwyaf o'r swbstrad gael ei drawsnewid yn gynnyrch. Ar ddiwedd yr adwaith, mae crynodiad y swbstrad yn sero gan ei fod i gyd wedi'i drawsnewid yn gynnyrch.

Cyngor

Mae disgyblion yn aml yn cael llai o farciau am gwestiynau arholiad sy'n seiliedig ar y graffiau hyn. Mae angen gwneud mwy na dim ond dysgu'r siapiau cyffredinol. Gwnewch yn siŵr eich bod chi'n deall yn llawn beth sy'n digwydd ar bob cam yn y graffiau.

Sgiliau mathemategol

Gallwch chi gyfrifo cyfradd adwaith drwy ganfod graddiant y llinell ar graff cyfradd adwaith.

Enghreifftiau wedi'u datrys

Os yw'r graff yn llinell syth, mae angen rhannu'r newid yn y newidyn ar yr echelin *y* â'r newid cyfatebol yn y newidyn ar yr echelin *x*. Y ffordd hawsaf o ddarganfod faint o newid sy'n digwydd i'r ddau newidyn yw lluniadu triongl ongl sgwâr â'i hypotenws ar hyd y llinell (gweler Ffigur 4.5). Gan fod y graddiant yr un fath ym mhob pwynt ar linell, does dim gwahaniaeth lle ar y llinell rydych chi'n rhoi'r triongl hwn.

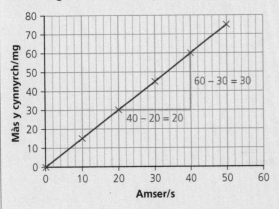

Ffigur 4.5 Cyfrifo cyfradd adwaith ar graff llinell syth

$$\text{cyfradd yr adwaith} = \frac{\text{newid i } y}{\text{newid i } x} = \frac{30}{20} = 1.5\,\text{mg}\,\text{s}^{-1}$$

Gallwch chi wirio eich atebion yma: **www.hoddereducation.co.uk/fynodiadauadolygu**

Os yw graff yn grwm yn hytrach nag yn syth, bydd y graddiant yn wahanol ar bwyntiau gwahanol ar y llinell. I fesur cyfradd newid ar unrhyw bwynt penodol, mae angen llunio tangiad i'r gromlin ar y pwynt hwnnw a chanfod graddiant llinell y tangiad. Llinell syth sy'n cyffwrdd â'r graff ar un pwynt yw tangiad. Drwy ffurfio triongl ongl sgwâr â'i hypotenws ar y tangiad hwn, gallwn ni wedyn gyfrifo'r graddiant a chyfradd yr adwaith.

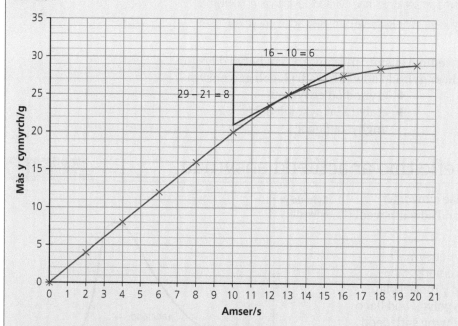

Ffigur 4.6 Cyfrifo cyfradd adwaith ar graff cromlin

$$\text{cyfradd yr adwaith ar ôl 13 munud} = \frac{\text{newid i } y}{\text{newid i } x} = \frac{8}{6} = 1.33 \,\text{mg s}^{-1}$$

Cwestiynau ymarfer

1 Mae'r data isod yn dangos canlyniadau ymchwiliad i adwaith sy'n cael ei gatalyddu gan ensym.

Amser/eiliadau	Cyfaint y swbstrad/cm³
0	130
20	110
40	90
70	70
100	50

a Lluniwch graff o'r canlyniadau hyn.
b Defnyddiwch eich graff i ganfod cyfradd yr adwaith ar ôl 40 eiliad. Rhowch eich ateb i 2 ffigur ystyrlon.

Mae defnyddio arbrawf gyda rheolydd yn bwysig mewn ymchwiliadau ensymau

ADOLYGU ●

Mae rheolydd yn dangos mai gweithredoedd yr ensym sy'n achosi'r effaith rydych chi'n ei mesur (y newidyn dibynnol). Y rheolydd arferol mewn adwaith ensym yw berwi ac oeri hydoddiant yr ensym. Mae hyn yn dadnatureiddio'r ensym ac yn gwneud yn siŵr na fydd yn catalyddu unrhyw adweithiau. Yna, dylid ailadrodd yr arbrawf gan ddefnyddio'r hydoddiant ensym wedi'i ferwi a'i oeri. Os ydych chi'n dal i gael y canlyniadau, mae hyn yn dangos bod rhyw ffactor arall yn dylanwadu ar y canlyniadau, nid dim ond gweithrediad yr ensym.

1 Sut mae ensymau'n cyflymu adweithiau cemegol?
2 Esboniwch y gwahaniaeth rhwng y ddamcaniaeth clo ac allwedd a'r ddamcaniaeth ffit anwythol.
3 Wrth fesur crynodiad swbstrad dros amser, pryd mae cyfradd adwaith ar ei chyflymaf?
4 Pam mae arbrofion gyda rheolydd yn bwysig mewn ymchwiliadau ensymau?

Yn ogystal â deall effeithiau cyffredinol ensym, mae angen i chi hefyd ddysgu sut mae'r canlynol yn dylanwadu ar gyfradd adwaith wedi'i i reoli gan ensym:

✦ tymheredd
✦ pH
✦ crynodiad swbstradau
✦ crynodiad ensymau
✦ ataryddion cystadleuol ac anghystadleuol

Mae tymheredd yn effeithio ar actifedd ensymau ADOLYGU ⬤

Mae Ffigur 4.7 yn dangos sut mae cynyddu'r tymheredd yn effeithio ar gyfradd adwaith wedi'i gatalyddu gan ensym.

Ar dymereddau isel, does gan yr ensym a'r swbstradau ddim llawer o egni cinetig. Mae hyn yn gostwng cyfradd symud y moleciwlau mewn hydoddiant. Mae hyn yn golygu bod llai o wrthdrawiadau llwyddiannus rhwng safleoedd actif a swbstradau. Mae llai o gymhlygion ensym–swbstrad yn ffurfio ac felly mae llai o gynhyrchion yn ffurfio i bob uned amser. Mae hyn yn golygu bod cyfradd yr adwaith yn isel ar dymereddau is.

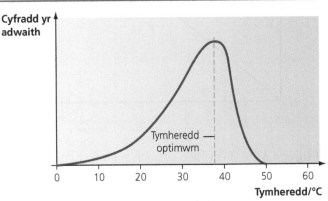

Ffigur 4.7 Effaith tymheredd ar actifedd ensymau

Wrth i'r tymheredd gynyddu, mae'r ensymau a'r swbstradau yn ennill mwy o egni cinetig. Mae hyn yn cynyddu cyfradd symud moleciwlau o fewn yr hydoddiant, sy'n cynyddu'r siawns o wrthdrawiadau llwyddiannus rhwng safleoedd actif a swbstradau. Mae hyn yn arwain at ffurfio mwy o gynhyrchion i bob uned amser. Felly, mae cyfradd yr adwaith yn cynyddu.

Mae cyfradd yr adwaith yn parhau i gynyddu wrth i'r tymheredd gynyddu nes ei fod yn cyrraedd tymheredd optimwm yr ensym. Ar y tymheredd optimwm, mae cyfradd yr adwaith ar ei uchaf. Ar ôl y tymheredd optimwm, mae cyfradd yr adwaith yn gostwng yn gyflym iawn. Mae hyn oherwydd bod safleoedd actif yr ensym yn cael eu dadnatureiddio. Mae'r bondiau hydrogen sy'n dal adeiledd trydyddol yr ensym yn ei le yn torri, sy'n achosi i'r safle actif newid siâp. Os yw'r safle actif yn newid siâp, fydd y swbstrad ddim yn gallu bondio â'r ensym mwyach, felly does dim cymhlygion ensym–swbstrad yn ffurfio ac felly does dim cynhyrchion yn ffurfio.

Wrth i'r tymheredd ddal i gynyddu, mae mwy o safleoedd actif yn dadnatureiddio. Mae cyfradd yr adwaith yn parhau i ostwng nes bod y safleoedd actif i gyd wedi dadnatureiddio a'r adwaith yn gorffen.

Mae gan wahanol ensymau wahanol dymereddau optimwm. Mae tymereddau optimwm y rhan fwyaf o ensymau dynol ychydig bach yn uwch na thymheredd y corff. Mae hyn yn sicrhau nad yw cynnydd bach yn nhymheredd y corff yn dadnatureiddio'r ensymau.

> **Cyngor**
>
> Dydy pob ensym mewn adwaith ddim yn dadnatureiddio'n syth ar ôl mynd dros y tymheredd optimwm. Wrth i'r tymheredd godi, bydd mwy ohonyn nhw'n dadnatureiddio, sy'n esbonio'r gostyngiad yng nghyfradd yr adwaith.

Yn ogystal â thymheredd optimwm, mae gan ensymau pH optimwm hefyd ADOLYGU ⬤

Mae Ffigur 4.8 yn dangos effaith pH ar gyfradd adwaith dau ensym: pepsin ac amylas.

Mae cyfradd yr adwaith wedi'i gatalyddu gan ensym ar ei uchaf ar y pH optimwm. Os yw pH yr hydoddiant naill ai'n cynyddu neu'n lleihau oddi ar yr optimwm, mae cyfradd yr adwaith yn gostwng:

✚ Mae newid bach oddi wrth yr optimwm yn gallu achosi i'r ensym gael ei anactifadu dros dro. Dim ond newid dros dro yw hwn, felly os yw'r ensym yn mynd yn ôl i'w pH optimwm, bydd yr ensym yn gweithio'n normal unwaith eto.

✚ Bydd newid mawr oddi wrth yr optimwm yn achosi i adeiledd trydyddol yr ensym newid, gan newid siâp y safle actif a dadnatureiddio'r ensym yn barhaol.

Fel mae Ffigur 4.8 yn ei ddangos, mae gan ensymau gwahanol werthoedd pH optimwm gwahanol. Mae pH optimwm amylas poerol, ensym treulio sydd mewn poer, ychydig bach yn alcalïaidd ond mae gan pepsin, ensym treulio sydd yn y stumog, pH optimwm o 2. Mae hyn yn caniatáu iddo gynnal ei gyfradd adwaith uchaf yn yr amodau asidig sydd yn y stumog.

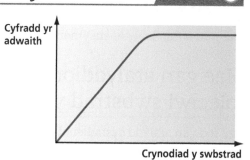

Ffigur 4.8 Effaith pH ar actifedd ensymau

Mae ensymau yn sensitif iawn i pH, felly wrth gynnal ymchwiliad i ensymau mae'n bwysig sicrhau bod y pH yn aros yn gyson. Gellir defnyddio byffer pH i wneud hyn.

Mae crynodiad swbstrad yn dylanwadu ar gyfradd adwaith sy'n cael ei reoli gan ensym

ADOLYGU

Mae Ffigur 4.9 yn dangos sut mae cynyddu crynodiad swbstrad yn effeithio ar gyfradd adwaith sy'n cael ei reoli gan ensym. Wrth i grynodiad swbstrad gynyddu, mae cyfradd yr adwaith hefyd yn cynyddu. Mae hyn oherwydd bod presenoldeb mwy o foleciwlau swbstrad yn cynyddu'r siawns o wrthdrawiadau llwyddiannus rhwng safle actif a swbstrad. Mae cyfradd yr adwaith yn parhau i gynyddu gyda chrynodiad y swbstrad hyd at uchafswm cyfradd yr adwaith, lle dydy cynyddu crynodiad y swbstrad ymhellach ddim yn cynyddu cyfradd yr adwaith.

Ffigur 4.9 Effaith crynodiad swbstrad ar actifedd ensymau

Mae cyfradd yr adwaith yn cyrraedd uchafswm oherwydd bod crynodiad yr ensymau yn sefydlog. Ar y pwynt hwn, mae holl safleoedd actif yr ensymau yn llawn drwy'r amser, felly mae'r nifer mwyaf posibl o wrthdrawiadau llwyddiannus yn digwydd. Mae hyn yn golygu nad yw'r cynnyrch sy'n ffurfio i bob uned amser yn gallu cynyddu. Gan mai'r ensymau sy'n atal cyfradd yr adwaith rhag cynyddu ymhellach, gallwn ni ddweud mai crynodiad yr ensymau yw'r ffactor gyfyngol.

Gallwn ni gynyddu cyfradd yr adwaith eto drwy gynyddu crynodiad yr ensymau. Bydd ychwanegu ensymau fel hyn yn cynyddu nifer y safleoedd actif sydd ar gael. Byddai cyfradd yr adwaith eto'n parhau i gynyddu pe bai crynodiad y swbstrad yn cynyddu. Fodd bynnag, yn y pen draw byddai crynodiad yr ensymau eto'n mynd yn ffactor gyfyngol.

Mae crynodiad ensymau hefyd yn effeithio ar gyfradd adwaith ensym

ADOLYGU

Wrth i grynodiad ensym gynyddu, mae cyfradd yr adwaith hefyd yn cynyddu. Mae angen gormodedd o'r swbstrad er mwyn i'r berthynas hon ddigwydd. Mae hyn yn golygu bod digon o swbstrad drwy'r amser i lenwi'r holl safleoedd actif sydd ar gael.

Mae hyn yn sicrhau nad yw crynodiad y swbstrad yn ffactor gyfyngol i gyfradd yr adwaith. Os nad oes gormodedd o'r swbstrad, bydd cyfradd yr adwaith yn cyrraedd uchafswm a bydd y graff yn lefelu.

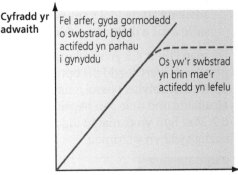

Ffigur 4.10 Effaith crynodiad ensymau ar actifedd ensymau

Profi eich hun

PROFI

5 Pam mae cyfradd adwaith sy'n cael ei reoli gan ensym, yn isel ar dymereddau isel?

6 Beth yw effaith newidiadau bach oddi wrth pH optimwm ensym?

7 Pam mae cynyddu crynodiad y swbstrad yn cynyddu cyfradd adwaith sy'n cael ei gatalyddu gan ensym?

8 Pa amodau sydd eu hangen i sicrhau y bydd cynyddu crynodiad ensym yn arwain at gynnydd yng nghyfradd yr adwaith?

Mae atalyddion ensymau yn gallu rhwystro actifedd ensymau

Mae dau fath o atalydd ensymau: cystadleuol ac anghystadleuol.

Mae gan atalyddion cystadleuol siâp tebyg i foleciwl swbstrad yr ensym

ADOLYGU

Gan fod gan atalydd cystadleuol siâp tebyg i foleciwl y swbstrad, mae'n gallu mynd i mewn i safle actif yr ensym ac atal y swbstrad rhag rhwymo. Gan nad yw'r swbstrad yn gallu rhwymo, dydy cymhlygion ensym–swbstrad ddim yn gallu ffurfio, does dim cynhyrchion yn ffurfio ac felly dydy cyfradd yr adwaith ddim mor uchel ag y byddai hi heb i'r atalydd fod yn bresennol. Mae asid malonig yn enghraifft o atalydd cystadleuol. Mae Ffigur 4.11 yn dangos sut mae atalydd cystadleuol yn gweithio.

> **Atalyddion** Moleciwlau sy'n lleihau gallu ensym i gyflymu adwaith.

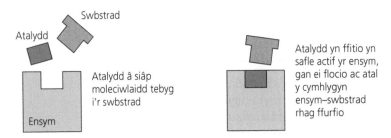

Ffigur 4.11 Sut mae atalydd cystadleuol yn gweithio

Gallwch chi wirio eich atebion yma: www.hoddereducation.co.uk/fynodiadauadolygu

Mae atalyddion anghystadleuol yn achosi i safle actif yr ensym newid ei siâp

Mae atalyddion anghystadleuol yn rhwymo wrth ddarn o'r ensym heblaw'r safle actif, sef safle alosterig, sy'n achosi i safle actif yr ensym i newid ei siâp. Mae hyn yn golygu nad yw'r moleciwl swbstrad gwreiddiol yn gallu rhwymo wrth y safle actif mwyach. Mae cyanid a mercwri yn enghreifftiau o atalyddion anghystadleuol. Mae Ffigur 4.12 yn dangos sut mae atalydd anghystadleuol yn gweithio.

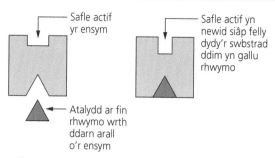

Ffigur 4.12 Sut mae atalydd anghystadleuol yn gweithio

Fel sydd i'w weld yn Ffigur 4.13, gallwn ni wrthweithio effaith atalydd cystadleuol drwy gynyddu crynodiad y swbstrad. Wrth i grynodiad y swbstrad gynyddu, mae'r siawns o wrthdrawiad llwyddiannus rhwng y swbstrad a'r safle actif yn mynd yn llawer mwy na'r siawns o wrthdrawiad rhwng yr atalydd a'r safle actif. Felly, wrth i grynodiad y swbstrad gynyddu, bydd effaith gymharol yr atalydd yn lleihau. Yn y pen draw, os yw crynodiad y swbstrad yn ddigon uchel, fydd yr atalydd cystadleuol ddim yn gallu effeithio ar gyfradd yr adwaith a bydd cyfradd yr adwaith yn cyrraedd yr uchafswm damcaniaethol gwreiddiol.

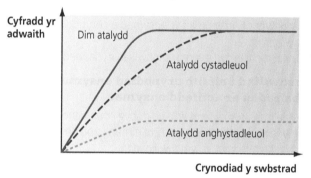

Ffigur 4.13 Effaith crynodiad swbstrad ar actifedd ensym ym mhresenoldeb atalydd cystadleuol ac atalydd anghystadleuol

Fel ym mhresenoldeb atalydd cystadleuol, bydd cynyddu crynodiad y swbstrad yn gwrthweithio effaith atalydd anghystadleuol ac yn cynyddu cyfradd yr adwaith (fel sydd i'w weld yn Ffigur 4.13). Fodd bynnag, fydd cyfradd yr adwaith byth yn cyrraedd y lefel uchaf sy'n bosibl heb atalydd yn bresennol. Mae hyn oherwydd bod yr atalydd anghystadleuol yn lleihau nifer y safleoedd actif sydd ar gael yn yr adwaith. Felly, does dim ots pa mor uchel yw crynodiad y swbstrad, fydd cyfradd yr adwaith byth yn cyrraedd yr uchafswm.

Gallwn ni wneud ensymau'n ansymudol drwy eu sefydlogi nhw â chynhalydd anadweithiol neu eu dal nhw mewn matrics

Mae ensymau'n gallu bod yn ddefnyddiol mewn prosesau diwydiannol, ond mae rhai o'u priodweddau'n gallu golygu eu bod nhw'n aneffeithlon i'w defnyddio. Gallwn ni oresgyn y problemau hyn drwy wneud yr ensymau'n ansymudol. Mae gleiniau alginad a philenni gel yn enghreifftiau o gynalyddion i'r *ensymau ansymudol* hyn.

Mae llawer o fanteision i wneud ensymau'n ansymudol:

✚ Mae'r ensymau'n fwy sefydlog ar dymereddau uwch a dros amrediad pH ehangach.

+ Mae'n hawdd ychwanegu neu dynnu'r ensymau. Gallwn ni ddefnyddio hyn i reoli'r adwaith a sicrhau bod cynnyrch pur yn ffurfio. Mae hefyd yn golygu ei bod hi'n hawdd adennill yr ensymau o'r cynnyrch i'w hailddefnyddio nhw yn y broses ddiwydiannol.
+ Gellir defnyddio cymysgedd o ensymau â gwahanol optima pH a thymheredd gyda'i gilydd yn llwyddiannus.

Cyngor

Wrth ateb cwestiynau am ensymau ansymudol, mae'n bwysig dweud mwy na 'gellir eu hailddefnyddio nhw' fel mantais. Catalyddion biolegol yw ensymau, felly mae'n bosibl eu hailddefnyddio nhw i gyd. Mantais allweddol ensymau ansymudol yw ei bod hi'n hawdd eu tynnu nhw allan o hydoddiant yr adwaith er mwyn eu hailddefnyddio nhw.

Profi eich hun

PROFI

9 Pam mae atalydd cystadleuol yn lleihau cyfradd adwaith sy'n cael ei gatalyddu gan ensym?

10 Pam dydy atalydd anghystadleuol ddim yn siâp cyflenwol i'r safle actif?

11 Rhowch ddwy o fanteision defnyddio ensymau ansymudol mewn prosesau diwydiannol.

Sgiliau Ymarferol

Ymchwiliad i effaith tymheredd neu pH ar actifedd ensymau

+ Gall tymheredd neu pH fod yn newidyn annibynnol yn y dasg ymarferol hon. Y naill ffordd neu'r llall, mae'n bwysig dewis amrediad o newidynnau annibynnol fydd yn dangos amrediad o actifedd ensymau ac, os yn bosibl, yn caniatáu i chi ganfod pH neu dymheredd optimwm yr ensym.
+ Hefyd, mae angen i chi ddewis newidyn dibynnol fydd yn caniatáu i chi ganfod cyfradd yr adwaith. Bydd hyn yn aml yn cynnwys newid lliw. Yn yr achos hwn, mae'n bwysig cofio bod barnu newid lliw â llygad yn oddrychol, a bod hyn yn gallu cyflwyno rhywfaint o ansicrwydd i'r canlyniadau.

+ Wrth gwblhau unrhyw ymchwiliad i ensymau, mae'n bwysig sicrhau eich bod yn rheoli'r holl newidynnau eraill sy'n gallu effeithio ar gyfradd yr adwaith. Byddai hyn yn cynnwys tymheredd neu pH (pa un bynnag dydych chi ddim yn ei ymchwilio fel eich newidyn annibynnol), crynodiad yr ensymau a chrynodiad y swbstrad.
+ Dylech chi hefyd gynnal ymchwiliad gyda rheolydd.

Ymchwiliad i effaith crynodiad ensymau neu swbstradau ar actifedd ensymau

+ Mae'r dasg ymarferol hon yn debyg i'r un uchod. Eto, gwnewch yn siŵr eich bod chi'n rheoli pob newidyn dydych chi ddim yn ymchwilio iddo.

Crynodeb

Dylech chi allu:
+ Disgrifio ensymau fel catalyddion biolegol sy'n gostwng egni actifadu adwaith ac sydd ddim yn newid erbyn diwedd yr adwaith.
+ Esbonio sut mae ensym yn gweithio a gwybod y berthynas rhwng ei benodolrwydd ac adeiledd trydyddol ei safle actif.
+ Esbonio'r gwahaniaethau rhwng y ddamcaniaeth clo ac allwedd a'r ddamcaniaeth ffit anwythol ar gyfer sut mae ensymau'n gweithio.
+ Dehongli graffiau o adweithiau sy'n cael eu catalyddu gan ensymau, gan ddangos newidiadau i'r cynnyrch neu'r swbstrad dros amser.

+ Dehongli graffiau sy'n dangos effeithiau tymheredd, pH, crynodiad swbstrad a chrynodiad ensymau ar gyfradd yr adwaith.
+ Esbonio effaith pob un o'r ffactorau hyn gan ddefnyddio damcaniaeth gwrthdrawiadau.
+ Esbonio sut mae atalyddion cystadleuol ac anghystadleuol yn gweithio, a dehongli graffiau sy'n dangos effaith cynyddu crynodiad swbstrad ar gyfradd adwaith pan mae atalyddion yn bresennol.
+ Disgrifio pwysigrwydd arbrawf gyda rheolydd a defnyddio byfferau pH mewn ymchwiliadau i ensymau.
+ Esbonio manteision gwneud ensymau'n ansymudol.

Cwestiynau enghreifftiol

1 Mae Ffigur 4.14 yn dangos sut mae màs swbstrad mewn adwaith wedi'i reoli gan ensym, yn amrywio dros amser.
  a Cyfrifwch a deilliwch unedau cyfradd yr adwaith rhwng:
    i A a B
    ii C a D   [3]
  b Esboniwch pam mae'r ddau werth hyn yn wahanol.   [3]
  c Esboniwch pam roedd hi'n bwysig cynnal yr adwaith hwn ar dymheredd cyson. [1]

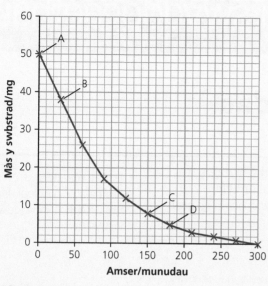

Ffigur 4.14

2 Mae Ffigur 4.15 yn dangos ensymau'n cael eu defnyddio mewn proses ddiwydiannol.

a Beth yw'r term ar gyfer y math hwn o ensym? [1]

b Pan roedd cyfradd llif y swbstrad drwy'r gleiniau'n rhy gyflym, roedd cyfradd ffurfio'r cynnyrch yn isel. Esboniwch yr arsylwad hwn. [3]

c Mae gan y golofn gyfaint penodol. Roedd dau opsiwn ar gyfer y gleiniau – nifer llai o leiniau mwy, neu nifer mwy o leiniau llai. Awgrymwch pa un o'r opsiynau ar gyfer y gleiniau fyddai'n rhoi'r gyfradd uchaf o ran ffurfio'r cynnyrch. Esboniwch eich ateb. [2]

ch Mae'r broses hon yn cael ei defnyddio i gynhyrchu sylwedd bwyd. Mae'n rhaid monitro'r broses yn ofalus, felly mae'n bwysig mai dim ond pan mae gweithwyr ar gael mae'r adwaith yn digwydd. Mae'n bwysig hefyd nad yw'r cynnyrch terfynol yn cael ei halogi. Mae defnyddio ensymau wedi'u rhwymo wrth leiniau yn ddrutach na defnyddio ensymau mewn hydoddiant. Mae'r rheolwr sy'n cynnal y broses eisiau newid o ddefnyddio ensymau wedi'u rhwymo wrth leiniau i ensymau mewn hydoddiant. Gwerthuswch y cynnig hwn. [3]

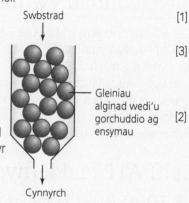

Swbstrad

Gleiniau alginad wedi'u gorchuddio ag ensymau

Cynnyrch

Ffigur 4.15

3 Mae mercwri yn gweithredu fel atalydd anghystadleuol anghildroadwy i thioredocsin rhydwythas, ensym cellol pwysig, sy'n rhydwytho thioredocsin yn y cytoplasm.

a Pa fath o ensym yw thioredocsin rhydwythas? [1]

b Esboniwch yn llawn sut mae mercwri yn atal rhydwythiad thioredocsin mewn celloedd. [4]

c Mae Ffigur 4.16 yn dangos effaith crynodiad swbstrad ar atalydd.

Esboniwch pam dydy'r graff ddim yn dangos effaith crynodiad swbstrad ar actifedd mercwri, a disgrifiwch siâp y graff mae mercwri yn ei achosi. [3]

ch Rhowch enghraifft o atalydd fyddai'n cynhyrchu'r graff sydd i'w weld yn Ffigur 4.16. [1]

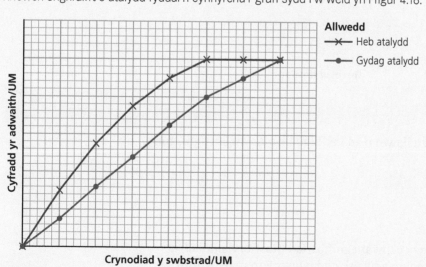

Allwedd
—✕— Heb atalydd
—●— Gydag atalydd

Ffigur 4.16

5 Asidau niwclëig a'u swyddogaethau

Mae DNA ac RNA yn asidau niwclëig

Asid deocsiriboniwclëig (DNA) yw'r moleciwl sy'n cludo cod genynnol organeb. Prif swyddogaeth DNA yw dyblygu a darparu'r cod ar gyfer syntheseiddio proteinau. Mae asid riboniwclëig (RNA) yn asid niwclëig arall sy'n ymwneud â syntheseiddio proteinau.

> **Asidau niwclëig**
> Polymerau o niwcleotidau; mae DNA ac RNA yn ddwy enghraifft.

> **Cyngor**
> Mae'n dderbyniol defnyddio'r talfyriadau DNA ac RNA wrth ateb cwestiynau arholiad.

Niwcleotidau yw monomerau asidau niwclëig

ADOLYGU ⬤

Mae asidau niwclëig fel DNA ac RNA wedi'u gwneud o niwcleotidau. Mae ATP hefyd yn niwcliotid. Mae niwcleotidau wedi'u gwneud o'r tair cydran ganlynol (Ffigur 5.1):

+ siwgr pentos (5 carbon) – mewn DNA, deocsiribos yw'r siwgr pentos ac mewn RNA ac ATP, ribos yw'r siwgr pentos
+ ffosffad
+ bas organig nitrogenaidd

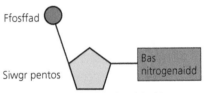

Ffigur 5.1 Adeiledd niwcleotid

Caiff ATP ei ddefnyddio ym mhob adwaith lle mae angen egni, ym mhob cell ym mhob organeb fyw

ADOLYGU ⬤

Rydyn ni'n galw ATP (adenosin triffosffad) yn gyfnewidiwr egni cyffredinol. Mae'n gallu tryledu'n hawdd ar draws pilenni, a dydy'r corff ddim yn gallu ei storio. Mae wedi'i wneud o'r bas nitrogenaidd adenin, y siwgr pentos ribos a thri grŵp ffosffad (Ffigur 5.2).

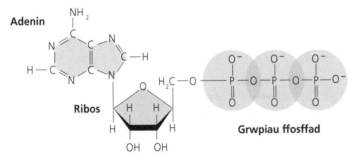

Ffigur 5.2 Adeiledd ATP

Caiff ATP ei ddefnyddio mewn llawer o adweithiau lle mae angen egni, gan gynnwys:

+ cludiant actif
+ synthesis proteinau
+ trawsyriant nerfol
+ cyfangiad cyhyrol

Mae ATP yn cael ei ffurfio drwy ychwanegu ffosffad (ffosfforyleiddiad) at ADP (adenosin deuffosffad) mewn adwaith cyddwyso. Pan mae hydrolysis yn digwydd, mae'r bond ffosffad terfynol yn torri ac mae'n rhyddhau $30.6\,kJ\,mol^{-1}$ o egni.

Gallwch chi wirio eich atebion yma: **www.hoddereducation.co.uk/fynodiadauadolygu**

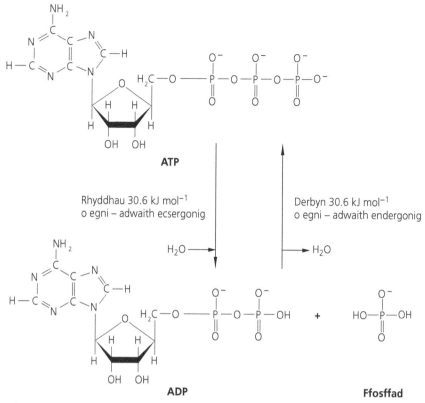

ATP

Rhyddhau 30.6 kJ mol⁻¹
o egni – adwaith ecsergonig

Derbyn 30.6 kJ mol⁻¹
o egni – adwaith endergonig

H_2O

H_2O

ADP

Ffosffad

Ffigur 5.3 Rhyngdrawsnewid ATP ac ADP

Mae pum bas nitrogenaidd gwahanol

Gallwn ni rannu basau nitrogenaidd yn ddau grŵp: basau pwrin a basau pyrimidin. Mae gan fasau pwrin adeiledd cylch dwbl, ac mae gan fasau pyrimidin adeiledd un cylch. Mae Ffigur 5.4 yn dangos gwahanol adeileddau un cylch a chylch dwbl, basau pwrin a phyrimidin.

Basau pwrin – adeiledd cylch dwbl:
✚ adenin
✚ gwanin

Basau pyrimidin – adeiledd un cylch:
✚ cytosin
✚ thymin
✚ wracil

Mae adenin, thymin, cytosin a gwanin i'w cael mewn DNA (asid niwclëig deocsiribos) ac mae adenin, wracil, cytosin a gwanin i'w cael mewn RNA.

> **Cyngor**
>
> Mae adeileddau un cylch neu gylch dwbl basau mewn diagramau DNA yn gallu eich helpu chi i adnabod y bas.

(a)

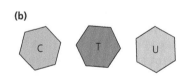

(b)

Ffigur 5.4 Adeileddau basau (a) pwrin a (b) pyrimidin

Mae DNA wedi'i wneud o ddau edefyn o niwcleotidau wedi'u dirwyn mewn helics dwbl

Mae deocsiribos un niwcleotid yn ffurfio bond â ffosffad niwcleotid arall i ffurfio'r asgwrn cefn siwgr–ffosffad. Mae bondiau hydrogen rhwng parau o fasau nitrogenaidd yn dal dau edefyn yr helics dwbl at ei gilydd. Mae'r basau nitrogenaidd bob amser yn paru yn yr un ffordd gyflenwol: mae bas pwrin yn paru â bas pyrimidin.
✚ Mae cytosin bob amser yn paru â gwanin. Mae tri bond hydrogen yn ffurfio rhwng cytosin a gwanin.
✚ Mae adenin bob amser yn paru â thymin. Mae dau fond hydrogen yn ffurfio rhwng adenin a thymin.

Mae'r paru basau cyflenwol yn bwysig i sicrhau bod DNA yn dyblygu'n gywir. Mae hefyd yn golygu bod yr un gyfran o adenin a thymin mewn moleciwl DNA, a hefyd yr un gyfran o gwanin a chytosin.

Mae'r edafedd DNA yn wrthbaralel i'w gilydd. Mae hyn yn golygu bod yr edafedd DNA yn mynd i ddau gyfeiriad dirgroes o'r pen 5´ i'r pen 3´ ac o'r pen 3´ i'r pen 5´.

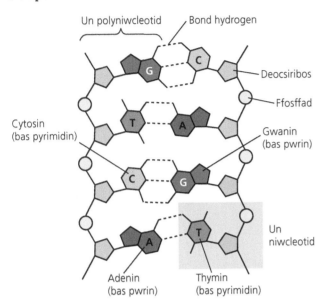

Ffigur 5.5 Adeiledd moleciwlaidd DNA

Yn wahanol i DNA, un edefyn sydd mewn RNA fel arfer

ADOLYGU

Mae tri math gwahanol o RNA.
+ Mae mRNA yn cludo cod y gadwyn polypeptid fydd yn ffurfio ar gam trosi synthesis protein.
+ Mae rRNA yn cyfuno â phrotein i ffurfio ribosomau.
+ Mae tRNA yn cludo asidau amino at y ribosom ar gyfer trosi.

Mae moleciwlau RNA fel arfer yn fyrrach na moleciwlau DNA.

DNA sy'n cludo cod genynnol organeb

ADOLYGU

Y cod genynnol yw'r cod ar gyfer syntheseiddio proteinau ac felly mae'n hollol hanfodol i fywyd unrhyw organeb. Darn o DNA sy'n ffurfio cod ar gyfer un polypeptid yw genyn. Mewn ewcaryotau, mae'r genynnau'n amharhaus – mae ganddyn nhw ecsonau, sef darnau sy'n codio ar gyfer polypeptidau, ac intronau, sydd ddim yn codio. Mewn procaryotau, mae genynnau'n barhaus fel arfer, felly does ganddyn nhw ddim dilyniannau sydd ddim yn codio.

Mae sefydlogrwydd genynnol hefyd yn bwysig i organebau. Mae'n dibynnu ar drosglwyddo'r cod genynnol i epilgelloedd heb newidiadau na gwallau. Anaml y bydd mwtaniadau'n fuddiol, ac maen nhw'n gallu arwain at gynhyrchu celloedd sydd ddim yn gweithio neu, yn yr achosion gwaethaf, yn gallu bygwth goroesiad yr holl organeb. Un enghraifft fyddai mwtaniad sy'n arwain at actifadu oncogenyn ac yn achosi canser.

Gallwch chi wirio eich atebion yma: **www.hoddereducation.co.uk/fynodiadauadolygu**

Mae'n bwysig bod DNA yn cael ei ddyblygu'n gywir i gynnal sefydlogrwydd genynnol

Mae amlinelliad o broses dyblygu DNA isod:

➕ Mae'r DNA yn dad-ddirwyn ac mae'r bondiau hydrogen sy'n dal y ddau edefyn DNA at ei gilydd yn cael eu torri gan yr ensym DNA helicas. Weithiau, rydyn ni'n galw'r broses hon yn ddatsipio.

➕ Mae'r ensym DNA polymeras yn catalyddu'r broses o ychwanegu niwcleotidau DNA rhydd, gan ffurfio'r esgyrn cefn siwgr–ffosffad a chynhyrchu dau edefyn DNA cyflenwol newydd. Mae'r ddau edefyn DNA gwreiddiol yn gweithredu fel templedi.

➕ Yna, mae bondiau hydrogen yn ffurfio rhwng pob pâr o edafedd DNA cyflenwol. Mae hyn yn cynhyrchu dau foleciwl DNA sy'n cynnwys un edefyn gwreiddiol ac un edefyn newydd ei ffurfio. Mae pob moleciwl DNA sy'n ffurfio yn unfath â'r llall ac yn unfath â'r moleciwl DNA gwreiddiol.

> ## Cysylltiadau
>
> Mae dyblygu DNA yn digwydd yn ystod rhyngffas. Ar ôl rhyngffas, mae mitosis yn digwydd. Ar ddiwedd y mitosis mae cytocinesis yn digwydd, sy'n cynhyrchu dwy gell, a phob un yn cynnwys un copi o'r DNA a gafodd ei gynhyrchu wrth ddyblygu'r DNA. Mae hyn yn sicrhau bod mitosis yn cynhyrchu dwy epilgell sy'n enynnol unfath.

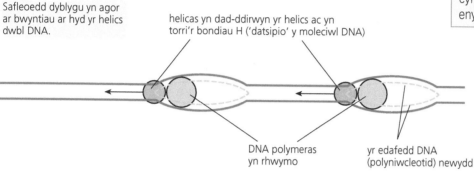

Safleoedd dyblygu yn agor ar bwyntiau ar hyd yr helics dwbl DNA.

helicas yn dad-ddirwyn yr helics ac yn torri'r bondiau H ('datsipio' y moleciwl DNA)

DNA polymeras yn rhwymo

yr edafedd DNA (polyniwcleotid) newydd

Safleoedd dyblygu yn uno

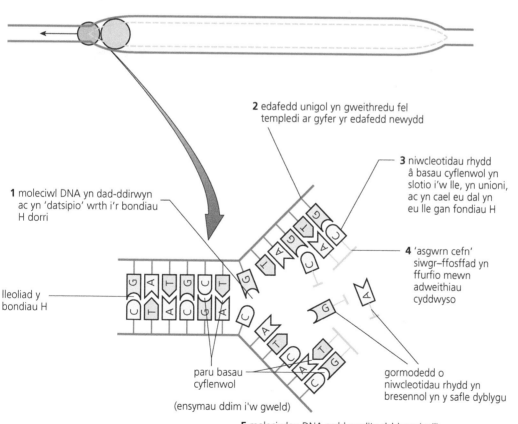

2 edafedd unigol yn gweithredu fel templedi ar gyfer yr edafedd newydd

3 niwcleotidau rhydd â basau cyflenwol yn slotio i'w lle, yn unioni, ac yn cael eu dal yn eu lle gan fondiau H

1 moleciwl DNA yn dad-ddirwyn ac yn 'datsipio' wrth i'r bondiau H dorri

4 'asgwrn cefn' siwgr–ffosffad yn ffurfio mewn adweithiau cyddwyso

lleoliad y bondiau H

paru basau cyflenwol

(ensymau ddim i'w gweld)

gormodedd o niwcleotidau rhydd yn bresennol yn y safle dyblygu

5 moleciwlau DNA sydd wedi'u dyblygu (epil) yn ailddirwyn i ffurfio helics dwbl

Ffigur 5.6 Dyblygu DNA

Mae dyblygu DNA yn lled-gadwrol

Mae pob moleciwl DNA newydd yn cynnwys un edefyn gwreiddiol ac un edefyn sydd newydd gael ei ffurfio, sef dyblygu lled-gadwrol. Cafodd hyn ei ddangos mewn arbrawf gan Meselson a Stahl. Mae manylion am eu harbrawf isod.

✦ Roedd Meselson a Stahl wedi meithrin bacteria mewn fflasg a oedd yn cynnwys cyfrwng maeth â dim ond ^{15}N fel ffynhonnell nitrogen (isotop trymach na'r ^{14}N sy'n fwy cyffredin).

✦ Roedd y bacteria yn amsugno'r nitrogen ac yn ei ddefnyddio i ffurfio basau nitrogenaidd niwcleotidau.

✦ Ar ôl llawer o genedlaethau, roedd yr holl fasau nitrogenaidd yn DNA y bacteria yn cynnwys y ^{15}N trymach. Ar ôl lysu (torri ar agor) y bacteria hyn a'u hallgyrchu nhw, roedd y DNA yn setlo'n isel yn y tiwb allgyrchu.

✦ Mae'r safle ar ddiwedd yr allgyrchu yn dangos dwysedd y moleciwl. Gan fod y DNA hwn yn cynnwys ^{15}N, roedd yn ddwysach na DNA sy'n cynnwys ^{14}N. Felly, roedd yn setlo mewn man cymharol isel yn y tiwb.

✦ Yna, fe wnaethon nhw adael i'r bacteria i rannu unwaith mewn cyfrwng a oedd yn cynnwys ^{14}N (yr isotop ysgafnach). Unwaith eto, cafodd y bacteria eu lysu a'u hallgyrchu.

✦ Nawr, roedd y DNA yn setlo hanner ffordd i fyny'r tiwb, sy'n dangos ei fod yn llai dwys na'r DNA yn y genhedlaeth gyntaf. Mae hyn oherwydd bod y celloedd bacteria nawr i gyd yn cynnwys DNA 'hybrid' – DNA yn cynnwys un edefyn gwreiddiol ^{15}N ac edefyn newydd gydag ^{14}N yn ei fasau nitrogenaidd. Roedd y canlyniad hwn yn profi nad oedd dyblygu DNA yn gadwrol.

Roedd damcaniaeth dyblygu cadwrol yn awgrymu bod y moleciwl DNA edefyn dwbl gwreiddiol yn aros, a bod moleciwl edefyn dwbl hollol newydd yn cael ei gynhyrchu. Drwy ffurfio DNA hybrid, profodd Meselson a Stahl fod hyn yn anghywir. Fodd bynnag, byddai'r canlyniad hwn yn dal i allu cael ei esbonio gan ddyblygu lled-gadwrol (un edefyn gwreiddiol ac un edefyn newydd) neu ddyblygu gwasgarol (y ddau edefyn yn cynnwys darnau o DNA newydd a hen DNA).

Er mwyn profi bod y DNA wedi'i ddyblygu'n lled-gadwrol, fe wnaethon nhw adael i'r bacteria i rannu unwaith eto ar y cyfrwng twf ^{14}N. Ar ôl iddyn nhw echdynnu'r DNA a'i allgyrchu, roedd band hybrid eto'n ffurfio hanner ffordd i fyny'r tiwb. Fodd bynnag, roedd band arall o DNA llai dwys a oedd yn cynnwys dim ond ^{14}N yn ffurfio'n uwch i fyny'r tiwb. Roedd y canlyniad hwn yn profi bod y DNA yn cael ei ddyblygu'n lled-gadwrol. Mae Ffigur 5.7 yn dangos ymchwiliad Meselson a Stahl.

Cyngor

Mae cwestiynau am arbrawf Meselsohn a Stahl yn gyffredin. Mae'n eithaf cymhleth, felly gwnewch yn siŵr eich bod chi wedi'i ddysgu'n iawn.

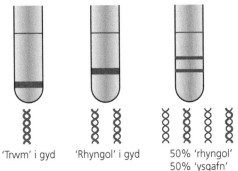

Cenhedlaeth 0   **Cenhedlaeth 1**   **Cenhedlaeth 2**

'Trwm' i gyd   'Rhyngol' i gyd   50% 'rhyngol'
50% 'ysgafn'

Ffigur 5.7 Arbrawf Meselsohn a Stahl

Profi eich hun

PROFI

5   Pa edafedd DNA sy'n gweithredu fel templed i ddyblygu DNA?

6   Pa ddwy ffurf nitrogen gafodd eu defnyddio yn arbrawf Meselson a Stahl?

7   Pam rydyn ni'n galw dyblygu DNA yn lled-gadwrol?

8   Beth yw swyddogaeth DNA polymeras yn y broses o ddyblygu DNA?

Gallwch chi wirio eich atebion yma: **www.hoddereducation.co.uk/fynodiadauadolygu**

Mae syntheseiddio proteinau yn hanfodol bwysig mewn celloedd

DNA y gell sy'n cludo'r cod ar gyfer adeiledd proteinau

ADOLYGU

Yn ystod y broses o syntheseiddio proteinau, mae'r cod DNA yn cael ei 'ddarllen' ac mae'r asidau amino'n cael eu trefnu yn y dilyniant cywir i ffurfio'r protein.

- Genyn yw dilyniant y basau niwcleotid sy'n codio ar gyfer dilyniant yr asidau amino mewn un polypeptid.
- Codon yw'r grŵp o dri bas sy'n codio ar gyfer asid amino.
- Gan mai dim ond 20 asid amino sydd, a bod 64 codon yn bosibl (nifer y cyfuniadau o'r pedwar gwahanol fas niwcleotid mewn DNA mewn grŵp o dri), mae gan y rhan fwyaf o asidau amino fwy nag un codon sy'n codio ar ei gyfer. Felly, mae'n god dirywiedig
- Mae yna godonau cychwyn a gorffen hefyd, sy'n cael eu defnyddio i reoli synthesis proteinau. Mae Ffigur 5.8 yn dangos y codonau a'r asidau amino maen nhw'n codio ar eu cyfer.

Ail safle

Safle cyntaf (pen 5')	U	C	A	G	Trydydd safle (pen 3')
U	UUU Phe	UCU Ser	UAU Tyr	UGU Cys	U
U	UUC Phe	UCC Ser	UAC Tyr	UGC Cys	C
U	UUA Leu	UCA Ser	UAA gorffen	UGA gorffen	A
U	UUG Leu	UCG Ser	UAG gorffen	UGG Trp	G
C	CUU Leu	CCU Pro	CAU His	CGU Arg	U
C	CUC Leu	CCC Pro	CAC His	CGC Arg	C
C	CUA Leu	CCA Pro	CAA Gln	CGA Arg	A
C	CUG Leu	CCG Pro	CAG Gln	CGG Arg	G
A	AUU Ile	ACU Thr	AAU Asn	AGU Ser	U
A	AUC Ile	ACC Thr	AAC Asn	AGC Ser	C
A	AUA Ile	ACA Thr	AAA Lys	AGA Arg	A
A	AUG Met	ACG Thr	AAG Lys	AGG Arg	G
G	GUU Val	GCU Ala	GAU Asp	GGU Gly	U
G	GUC Val	GCC Ala	GAC Asp	GGC Gly	C
G	GUA Val	GCA Ala	GAA Glu	GGA Gly	A
G	GUG Val	GCG Ala	GAG Glu	GGG Gly	G

Ffigur 5.8 Codonau RNA

Does dim rhaid i chi ddysgu'r tabl codonau hwn, ond dylech chi allu ei ddefnyddio os yw'n cael ei roi mewn cwestiwn.

Mae dau gam yn y broses o syntheseiddio proteinau – trawsgrifiad a throsiad.

Mae trawsgrifiad yn digwydd yn y cnewyllyn

ADOLYGU

Mae edefyn mRNA (RNA negeseuol) cyflenwol yn ffurfio o un o'r edafedd DNA (sef yr edefyn synnwyr). Mae manylion am broses trawsgrifiad isod.

- Mae darn o'r DNA yn dad-ddirwyn ac mae'r bondiau hydrogen sy'n dal y ddau edefyn DNA at ei gilydd yn torri (mae'r DNA yn datsipio).
- Mae'r ensym RNA polymeras yn catalyddu'r broses o ychwanegu niwcleotidau RNA rhydd, gan ffurfio'r asgwrn cefn siwgr–ffosffad a chynhyrchu edefyn mRNA cyflenwol.

+ Yn wahanol i ddyblygu DNA, mae basau adenin ar yr edefyn DNA yn gyflenwol i fasau wracil ar yr edefyn mRNA (does dim thymin mewn RNA).
+ Bydd trosiad wedi'i gwblhau pan fydd y broses yn cyrraedd dilyniant gorffen. Mae'r RNA polymeras yn gadael y DNA ac mae'r bondiau hydrogen rhwng y ddau edefyn DNA yn atffurfio.
+ Enw'r moleciwl sy'n cael ei gynhyrchu yw rhag-mRNA. Mae'n cynnwys ecsonau ac intronau.
+ Mae rhag-mRNA yn cael ei addasu cyn trawsgrifio, i gael gwared â'r intronau o'r moleciwl. Mae hyn yn cynhyrchu mRNA gweithredol.
+ Yna, mae'r moleciwl mRNA yn gadael y cnewyllyn drwy'r mandwll cnewyllol ac yn teithio i ribosom yn y cytoplasm.

Mae Ffigur 5.9 yn dangos proses trawsgrifiad.

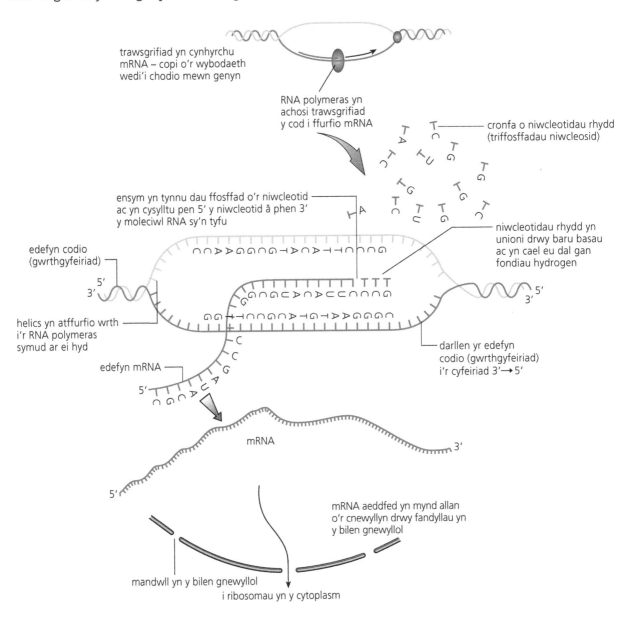

Ffigur 5.9 Trawsgrifiad

Cyngor

Mae cymysgu rhwng beth sy'n digwydd yn ystod trawsgrifiad a throsiad yn gamgymeriad cyffredin. Gwnewch yn siŵr eich bod chi'n glir am y lleoliadau, yr ensymau dan sylw a'r cynhyrchion sy'n ffurfio ar bob cam.

Gallwch chi wirio eich atebion yma: **www.hoddereducation.co.uk/fynodiadauadolygu**

9 Beth yw enw'r darn o DNA sy'n ffurfio cod ar gyfer un polypeptid?

10 Ble mae trawsgrifiad yn digwydd?

11 Pa edefyn DNA sy'n gyflenwol i'r edefyn mRNA sydd newydd gael ei ffurfio?

12 Pa ensym sy'n catalyddu'r broses o ffurfio'r edefyn mRNA?

Fel arfer, mae genynnau ewcaryotig yn enynnau amharhaus gydag ecsonau sy'n codio ac intronau sydd ddim yn codio. Fel arfer, mae genynnau procaryotig yn enynnau parhaus, heb ddilyniannau sydd ddim yn codio.

Yn ystod trosiad, caiff y cod mRNA ei ddefnyddio i ffurfio'r polypeptid

ADOLYGU

Yn ystod trosiad, mae tRNA (RNA trosglwyddo) yn cael ei ddefnyddio i drosglwyddo asidau amino penodol i'r ribosom. Bydd yr asidau amino hyn yn ffurfio'r polypeptid.

Mae pob moleciwl tRNA yn benodol i un asid amino. Mae hyn yn dibynnu ar y gwrthgodon ar y moleciwl tRNA. Mae'r asid amino yn cydio yn y safle cydio asid amino ar y moleciwl tRNA mewn proses o'r enw actifadu, sydd angen ATP. Mae Ffigur 5.10 yn dangos adeiledd moleciwl tRNA a sut mae'n cael ei actifadu.

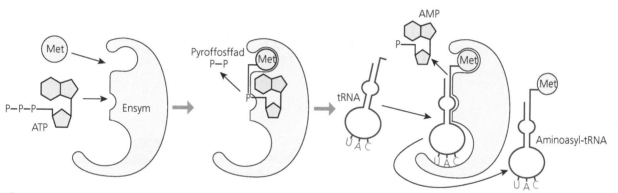

Ffigur 5.10 tRNA yn trosglwyddo asid amino

Mae trosiad yn digwydd yn y ribosom.

Mae dwy is-uned y ribosomau yn ffitio o gwmpas y moleciwl mRNA. Mae'r mRNA nawr yn eistedd yn y rhigol mRNA.

✚ Mae gan is-uned fawr y ribosom ddau safle rhwymo. Mae hyn yn golygu bod dau foleciwl tRNA yn gallu rhwymo wrth y ribosom ar unrhyw un adeg.

✚ Mae moleciwl tRNA â gwrthgodon cyflenwol i'r codon cyntaf ar y moleciwl mRNA yn mynd i'r safle rhwymo cyntaf, gan ffurfio cymhlygyn codon–gwrthgodon.

✚ Mae moleciwl tRNA â gwrthgodon cyflenwol i'r ail godon ar y moleciwl mRNA yn mynd i'r ail safle rhwymo.

✚ Mae bond peptid yn cysylltu'r ddau asid amino sy'n cael eu cludo gan y tRNA. Mae hwn yn cael ei ffurfio gan adwaith cyddwyso wedi'i gatalyddu gan ensym ribosomaidd.

✚ Yna, mae'r moleciwl tRNA cyntaf yn gadael y ribosom ac mae'r ail tRNA yn symud ymlaen i gymryd ei le.

✚ Yna, gall moleciwl tRNA arall â'r asid amino nesaf yn y dilyniant lenwi'r safle rhwymo gwag.

✚ Mae'r ribosom yn symud ar hyd yr mRNA, gan ddarllen pob codon ac ychwanegu'r asidau amino penodol at y gadwyn polypeptid sy'n tyfu.

✚ Mae trosiad yn dod i ben ar ôl cyrraedd codon stop. Ar y pwynt hwn, mae dwy is-uned y ribosom yn gwahanu ac mae'r gadwyn polypeptid yn gadael y ribosom.

Mae Ffigur 5.11 yn dangos proses trosiad.

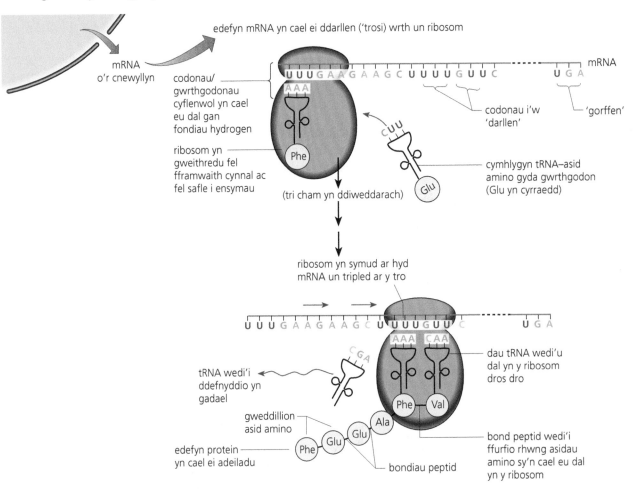

Ffigur 5.11 Trosiad

Ar ôl diwedd proses trosiad, gall organigyn Golgi addasu'r gadwyn polypeptid ymhellach. O'r fan hyn, caiff proteinau secretu eu pinsio i ffwrdd mewn fesiglau. Yna, maen nhw'n teithio i bilen blasmaidd y gell; mae'r fesiglau'n asio â'r bilen blasmaidd ac mae'r protein yn cael ei ryddhau o'r gell drwy gyfrwng ecsocytosis.

Profi eich hun

PROFI

13 Beth yw swyddogaeth yr ensym ribosomaidd?

14 Ble mae trosiad yn digwydd?

15 Beth sy'n digwydd ym mhroses actifadu?

16 Sawl safle rhwymo tRNA sydd ar y ribosom?

Gweithgaredd adolygu

Lluniwch siart llif i ddangos camau allweddol trawsgrifiad a throsiad, gan wneud yn siŵr eich bod chi'n cynnwys yr holl eiriau allweddol priodol. Torrwch y siart llif yn ddarnau ac yna ceisiwch roi'r camau yn y drefn gywir, gan sicrhau eich bod chi'n grwpio camau trawsgrifiad a throsiad yn gywir.

Sgiliau Ymarferol

Echdynnu DNA o ddefnydd byw mewn ffordd syml

Yn y dasg ymarferol syml hon, byddwch chi'n arsylwi ar DNA sydd wedi'i echdynnu o gelloedd.

+ Mae'r hydoddiant echdynnu DNA wedi'i wneud o lanedydd, halen a dŵr.
+ Pan gaiff ei ychwanegu at sampl o blanhigyn, fel mefus, bydd yn rhyddhau'r DNA o'r celloedd. Yna, bydd ychwanegu alcohol at y sampl yn achosi i sylwedd gwyn, cymylog ddatblygu. Bydd hwn yn cynnwys y DNA.
+ Yna, gallwn ni echdynnu hwn a'i brofi ag orsëin asetig.
+ Os yw'r staen yn troi'n goch, mae'n dangos bod asidau niwclëig yn y sampl.

Gallwch chi wirio eich atebion yma: **www.hoddereducation.co.uk/fynodiadauadolygu**

Crynodeb

Dylech chi allu:

+ Disgrifio swyddogaethau DNA o ran dyblygu mewn celloedd sy'n rhannu a chludo'r cod ar gyfer syntheseiddio proteinau.
+ Disgrifio adeiledd niwcleotid a'r cydrannau sydd ynddo.
+ Esbonio bod niwcleotidau yn ffurfio'r polymerau DNA ac RNA.
+ Deall cysyniad paru basau cyflenwol a'i ddefnyddio i ddisgrifio adeiledd DNA.
+ Disgrifio'r gwahaniaethau adeileddol rhwng DNA ac RNA.
+ Esbonio bod dyblygu DNA yn cynhyrchu copïau unfath o DNA.

+ Esbonio bod dyblygu DNA yn lled-gadwrol, a deall y dystiolaeth dros hyn sy'n cael ei darparu gan ymchwiliadau Meselson a Stahl gan ddefnyddio isotopau nitrogen trwm (^{15}N).
+ Disgrifio sut mae synthesis proteinau yn digwydd mewn dau gam: trawsgrifiad a throsiad.
+ Disgrifio sut mae trawsgrifiad yn digwydd yn y cnewyllyn, gan ddefnyddio DNA fel templed i ffurfio edefyn o mRNA.
+ Disgrifio sut mae trosiad yn digwydd yn y ribosomau, gan ffurfio polypeptid o asidau amino, gan ddefnyddio mRNA fel y cod a tRNA i drosglwyddo asidau amino i'r ribosom i ffurfio'r gadwyn polypeptid.

Cwestiynau enghreifftiol

1 Roedd ymchwiliad Meselsohn a Stahl i ddyblygu DNA yn dibynnu ar niwcleotidau DNA yn cynnwys gwahanol isotopau nitrogen – ^{14}N ac ^{15}N.

   a Esboniwch pam mae angen defnyddio ^{14}N a ^{15}N yn yr arbrawf. [2]

   b Esboniwch pam mae'r ymchwiliad hwn yn defnyddio allgyrchydd. [2]

   c Yn ymchwiliad Meselson a Stahl, yn gyntaf cafodd bacteria eu tyfu ar gyfrwng maeth yn cynnwys ^{15}N am lawer o genedlaethau. Yna, cafodd y bacteria eu trosglwyddo i gyfrwng ^{14}N a'u gadael i rannu unwaith. Yna, cafodd DNA ei echdynnu o'r bacteria a oedd wedi cael eu cynhyrchu ac roedd yn ffurfio un band hanner ffordd i fyny'r tiwb ar ôl cael ei allgyrchu. Esboniwch pam nad oedd y canlyniad hwn yn brawf llawn o ddamcaniaeth dyblygu lled-gadwrol. [3]

2 Mae UUU a CGC yn ddau wrthgodon tRNA.

   a Ysgrifennwch edefyn templed DNA yr mRNA y mae'r gwrthgodonau hyn yn gyflenwol iddo. [2]

   b Gan ddefnyddio'r tabl yn Ffigur 5.12, darganfyddwch pa asidau amino fyddai'n cydio wrth y moleciwlau tRNA hyn. [1]

   c Mae effaith dau fwtaniad yn DNA y genyn ar y gwrthgodonau yn cael eu cynrychioli fel hyn:

   mwtaniad A – UUC CGC

   mwtaniad B – UUU CCC

   Gan ddefnyddio'r tabl codonau yn Ffigur 5.12, esboniwch pam gallai mwtaniad B achosi canlyniadau llawer mwy difrifol na mwtaniad A. [4]

Ail safle

Safle cyntaf (pen 5')		U	C	A	G	Trydydd safle (pen 3')
U		UUU ⎤ Phe UUC ⎦ UUA ⎤ Leu UUG ⎦	UCU ⎤ UCC ⎥ Ser UCA ⎥ UCG ⎦	UAU ⎤ Tyr UAC ⎦ UAA gorffen UAG gorffen	UGU ⎤ Cys UGC ⎦ UGA gorffen UGG Trp	U C A G
C		CUU ⎤ CUC ⎥ Leu CUA ⎥ CUG ⎦	CCU ⎤ CCC ⎥ Pro CCA ⎥ CCG ⎦	CAU ⎤ His CAC ⎦ CAA ⎤ Gln CAG ⎦	CGU ⎤ CGC ⎥ Arg CGA ⎥ CGG ⎦	U C A G
A		AUU ⎤ Ile AUC ⎥ AUA ⎦ AUG Met	ACU ⎤ ACC ⎥ Thr ACA ⎥ ACG ⎦	AAU ⎤ Asn AAC ⎦ AAA ⎤ Lys AAG ⎦	AGU ⎤ Ser AGC ⎦ AGA ⎤ Arg AGG ⎦	U C A G
G		GUU ⎤ GUC ⎥ Val GUA ⎥ GUG ⎦	GCU ⎤ GCC ⎥ Ala GCA ⎥ GCG ⎦	GAU ⎤ Asp GAC ⎦ GAA ⎤ Glu GAG ⎦	GGU ⎤ GGC ⎥ Gly GGA ⎥ GGG ⎦	U C A G

Ffigur 5.12

6 Gwybodaeth enynnol

Yn ystod cellraniad, mae cell yn hollti i ffurfio epilgelloedd

Mae dau fath o gellraniad: mitosis a meiosis.

Cromosomau homologaidd Pâr o gromosomau, un mamol (o'r fam) ac un tadol (o'r tad).

Un o agweddau pwysig cellraniad yw ymddygiad y cromosomau

ADOLYGU

Mae cromosom yn cynnwys DNA a phrotein. Darnau penodol o'r DNA yn y cromosomau, sy'n codio ar gyfer un polypeptid, yw genynnau. Mae pob cromosom wedi'i wneud o ddau gromatid unfath a chentromer yn eu huno nhw.

Mae cromosomau yn ffurfio parau homologaidd. Mae un cromosom yn y pâr yn dod o fam yr organeb a'r llall yn dod o dad yr organeb. Mae'r ddau gromosom mewn pâr yn cynnwys yr un genynnau ond ar ffurfiau gwahanol. Mae Ffigur 6.1 yn dangos pâr o gromosomau homologaidd.

Yr enw ar gell â'r nifer llawn o gromosomau yw cell ddiploid. Mewn bodau dynol mae cell ddiploid yn cynnwys 46 cromosom, mewn 23 pâr homologaidd.

Yr enw ar gell â dim ond un cromosom o bob pâr homologaidd (felly hanner y rhif diploid) yw cell haploid. Mae celloedd haploid dynol yn cynnwys 23 cromosom. Mae'r gametau mewn organebau sydd yn atgenhedlu'n rhywiol yn gelloedd haploid. Pan mae dau gamet haploid yn asio yn ystod ffrwythloniad, maen nhw'n ffurfio cell gyda'r nifer diploid llawn o gromosomau.

Mae gan wahanol organebau wahanol niferoedd o gromosomau – er enghraifft, mae gan fwydyn 36 cromosom ac mae gan gangarŵ 16.

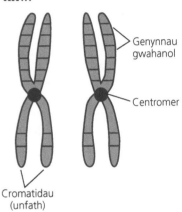

Ffigur 6.1 Pâr o gromosomau homologaidd

Labeli: Genynnau gwahanol; Centromer; Cromatidau (unfath)

Mae mitosis a hefyd meiosis yn cynhyrchu epilgelloedd newydd

ADOLYGU

Mae nodweddion epilgelloedd sy'n cael eu cynhyrchu drwy gyfrwng mitosis a meiosis yn wahanol:

+ Mae mitosis yn cynhyrchu dwy epilgell ddiploid sy'n enynnol unfath â'i gilydd ac â'r rhiant-gell. Mae hyn yn cynhyrchu sefydlogrwydd genynnol.
+ Mae meiosis yn cynhyrchu pedair epilgell haploid sy'n enynnol wahanol i'w gilydd ac i'r rhiant-gell wreiddiol. Mae'r epilgelloedd sy'n cael eu ffurfio yn ystod meiosis yn cael eu defnyddio i gynhyrchu gametau ar gyfer atgenhedlu rhywiol.

Gallwch chi wirio eich atebion yma: **www.hoddereducation.co.uk/fynodiadauadolygu**

Pan nad yw cell yn cyflawni cellraniad mae hi mewn rhyngffas

ADOLYGU

Yn ystod rhyngffas cylchred y gell (Ffigur 6.2), mae'r prosesau canlynol yn digwydd:

+ mae DNA yn dyblygu
+ mae synthesis protein yn digwydd
+ mae ATP yn cael ei syntheseiddio
+ mae organynnau'n cael eu cynhyrchu

Cyngor

Mae'r prosesau sy'n digwydd yn ystod rhyngffas yn bwnc cyffredin mewn cwestiynau arholiad.

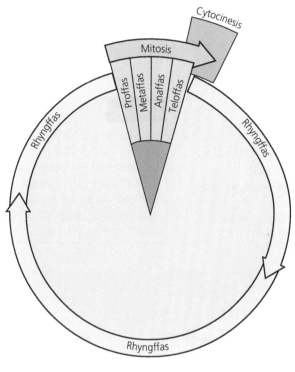

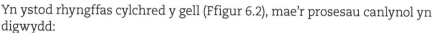

Cysylltiadau

Mae dyblygu DNA yn lled-gadwrol. Mae hyn yn golygu bod y broses yn cynhyrchu dau foleciwl unfath sydd wedi'u gwneud o un edefyn gwreiddiol ac un edefyn sydd newydd gael ei ffurfio.

Caiff ATP ei syntheseiddio gan y mitocondria yn ystod resbiradaeth aerobig. Yn ystod synthesis protein, mae trawsgrifiad yn digwydd yn y cnewyllyn ac yn cynhyrchu edefyn o mRNA. Mae trosiad yn digwydd yn y ribosom. Mae'r cod ar yr mRNA yn cael ei ddefnyddio i gynhyrchu polypeptid penodol.

Ffigur 6.2 Cylchred y gell

Mae mitosis yn digwydd ar ddiwedd rhyngffas. Ar ddiwedd mitosis, mae'r gell yn rhannu drwy gyfrwng cytocinesis i ffurfio dwy epilgell enynnol unfath.

Gallwn ni rannu mitosis yn bedwar cam

ADOLYGU

Pedwar cam mitosis yw proffas, metaffas, anaffas a theloffas (Ffigur 6.3). Mae'n bwysig cofio bod mitosis yn broses barhaus; rydyn ni'n rhannu'r broses yn gamau gwahanol er mwyn gallu ei deall yn well.

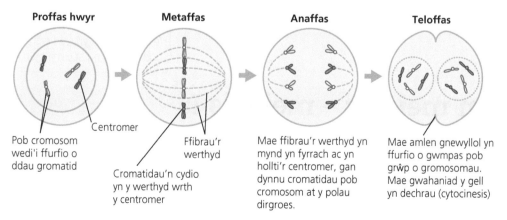

Ffigur 6.3 Camau mitosis

Proffas yw cam hiraf mitosis

Mewn sampl o gelloedd sy'n cyflawni mitosis, bydd nifer mawr o gelloedd mewn proffas. Mae'r digwyddiadau canlynol yn digwydd yn ystod y cam hwn:

+ Mae'r cromatin yn cyddwyso i ffurfio'r cromosomau – dau gromatid wedi'u huno yn y centromer.
+ Mae'r centriolau yn symud i bolau (dau ben) y gell ac yn dechrau ffurfio ffibrau'r werthyd. Gwe o ficrodiwbynnau protein sy'n estyn ar draws y gell yw'r werthyd.
+ Mae'r bilen gnewyllol yn ymddatod.

Metaffas yw'r cam pan mae'r cromosomau'n unioni ar gyhydedd y gell

+ Mae ffibrau'r werthyd yn cydio wrth y cromosomau yn y centromer – y rhan o'r cromosom sy'n cysylltu'r chwaer-gromatidau.

Anaffas yw cam cyflymaf mitosis

+ Mae ffibrau'r werthyd yn mynd yn fyrrach.
+ Mae'r centromer yn gwahanu ac mae'r cromatidau (sydd nawr yn cael eu galw'n chwaer-gromosomau) yn cael eu tynnu at ddau bôl y gell.
+ Os ydych chi'n arsylwi ar sampl o gelloedd sy'n cyflawni mitosis, ychydig iawn o gelloedd fydd mewn anaffas.

Teloffas yw cam olaf mitosis

+ Mae'r cromosomau yn dad-ddirwyn yn ôl i ffurfio cromatin.
+ Mae'r bilen gnewyllol yn atffurfio ac mae'r werthyd yn ymddatod.

Ar ddiwedd teloffas, mae'r gell yn rhannu drwy gyfrwng cytocinesis i ffurfio dwy epilgell

ADOLYGU

Mewn celloedd anifail mae cytocinesis yn digwydd wrth i'r bilen blasmaidd 'binsio i mewn' i ffurfio rhych ymrannu. Mewn celloedd planhigyn, mae cellblat yn ffurfio rhwng y celloedd sy'n rhannu. Y cellblat hwn sy'n ffurfio cellfur newydd y ddwy gell planhigyn.

Mae mitosis yn bwysig i dwf organebau, er mwyn atgyweirio meinweoedd sydd wedi'u difrodi ac i ddisodli celloedd sydd wedi marw. Mewn rhai organebau, mae'n cael ei ddefnyddio ar gyfer atgynhyrchu anrhywiol hefyd. Mae cellraniad afreolus yn arwain at dwf tiwmorau canseraidd.

Profi eich hun

PROFI

4 I ble mae'r centriolau'n symud yn ystod proffas?
5 Ble mae'r cromosomau'n cael eu trefnu yn ystod metaffas?
6 Beth yw cytocinesis?
7 Beth yw cam cyflymaf mitosis?

Mae dau gam meiosis – meiosis I a meiosis II

Meiosis sy'n ffurfio gametau mewn organebau sy'n atgenhedlu'n rhywiol

ADOLYGU

Mae gametau yn gelloedd haploid sy'n cynnwys hanner y nifer diploid o gromosomau. Y gwahaniaeth allweddol rhwng mitosis a meiosis yw bod meiosis yn cynhyrchu pedair epilgell haploid sy'n enynnol wahanol i'w gilydd ac i'r rhiant-gell wreiddiol. Yr amrywiad genynnol hwn yn y gametau

---

Cyngor

Mae cofio trefn gywir camau mitosis yn hanfodol i ddeall ac esbonio mitosis. Mae cofrif yn gallu bod yn ffordd dda o gofio'r drefn – e.e. Priodas Mewn Abaty Tawel (Proffas, Metaffas, Anaffas, Teloffas).

Centromer Y rhan o'r cromosom sy'n cysylltu'r chwaer-gromatidau.

Cyngor

Wrth luniadu cell mewn anaffas, lluniadwch y cromosomau fel siapiau 'V', gyda phwynt y V (a'r pwynt lle mae'r werthyd yn cydio) yn wynebu pôl y gell y mae'n cael ei dynnu ato.

Tiwmor Màs annormal o feinwe.

Cyngor

Rhaid i chi allu disgrifio a lluniadu holl gamau mitosis. Os oes gofyn i chi luniadu un neu fwy o'r camau, yn aml, byddwch chi'n cael nifer diploid neu haploid o gromosomau i'w cynnwys, felly gwnewch yn siŵr eich bod chi'n glynu at y rhif hwn.

Gallwch chi wirio eich atebion yma: **www.hoddereducation.co.uk/fynodiadauadolygu**

sy'n achosi'r amrywiad genynnol sydd i'w weld yn epil organebau sy'n atgenhedlu'n rhywiol. Mae amrywiad genynnol yn cynyddu'r siawns y bydd rhywogaethau yn gallu addasu'n llwyddiannus i newid amgylcheddol.

Rydyn ni'n rhannu meiosis I yn bedwar cam

Pedwar cam meiosis I yw:

+ proffas I
+ metaffas I
+ anaffas I
+ teloffas I

Yn ystod proffas I, mae'r bilen gnewyllol yn ymddatod

+ Mae'r centriolau yn symud i bolau dirgroes y gell ac yn ffurfio'r werthyd.
+ Mae'r cromatin yn cyddwyso i ffurfio'r cromosomau.
+ Yn ystod meiosis I mae'r cromosomau homologaidd yn paru i ffurfio deufalentau, mewn proses o'r enw synapsis (dydy hyn ddim yn digwydd mewn mitosis).
+ Mae cromosomau mewn deufalent yn gallu cyfnewid genynnau mewn proses o'r enw trawsgroesi. Mae trawsgroesi yn digwydd mewn mannau lle mae'r cromosomau homologaidd yn cyffwrdd; enw'r pwyntiau hyn yw'r ciasmata.

> **Ciasmata** Y mannau lle mae cromosomau homologaidd yn cyfnewid genynnau wrth drawsgroesi.

Trawsgroesi yw un o ffynonellau amrywiad mewn meiosis. Mae Ffigur 6.4 yn dangos y broses hon.

Mae effeithiau amrywiad genynnol i'w gweld mewn un pâr o gromosomau homologaidd. Yn nodweddiadol, bydd dau, dri neu fwy o giasmata yn ffurfio rhwng cromatidau pob deufalent mewn proffas I.

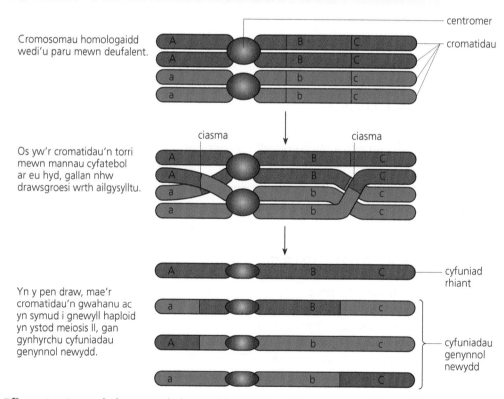

Cromosomau homologaidd wedi'u paru mewn deufalent.

centromer
cromatidau

Os yw'r cromatidau'n torri mewn mannau cyfatebol ar eu hyd, gallan nhw drawsgroesi wrth ailgysylltu.

ciasma   ciasma

Yn y pen draw, mae'r cromatidau'n gwahanu ac yn symud i gnewyll haploid yn ystod meiosis II, gan gynhyrchu cyfuniadau genynnol newydd.

cyfuniad rhiant

cyfuniadau genynnol newydd

Ffigur 6.4 Amrywiad genynnol oherwydd trawsgroesi rhwng cromatidau sydd ddim yn chwaer-gromatidau

Yn ystod metaffas I, mae'r deufalentau yn unioni ar gyhydedd y gell

+ Mae ffibrau'r werthyd yn uno â chentromer un cromosom ym mhob deufalent.
+ Mae'r deufalentau'n eu trefnu eu hunain ar hap ar y cyhydedd.
+ Mae hapddosbarthu cromosomau fel hyn yn arwain at rydd-ddosraniad.
+ Bydd hyn yn arwain at epilgelloedd â chymysgedd o gromosomau. Mae hyn hefyd yn ffynhonnell amrywiad genynnol mewn meiosis.

Yn anaffas I mae ffibrau'r werthyd yn cyfangu

+ Caiff un cromosom o bob pâr ei dynnu at bôl dirgroes y gell.
+ Dydy'r centromer ddim yn hollti, felly mae'r cromosomau'n dal i fod yn ffurfiadau dwbl, yn wahanol i anaffas mitosis.

Yna mae teloffas I yn digwydd

Ar ddiwedd teloffas I, mae cytocinesis yn digwydd i gynhyrchu dwy epilgell. Dim ond un o bob pâr o gromosomau homologaidd sydd gan bob epilgell; mae'r celloedd hyn nawr yn haploid. Mae'r ddwy epilgell nawr yn cyflawni meiosis II (Ffigur 6.5).

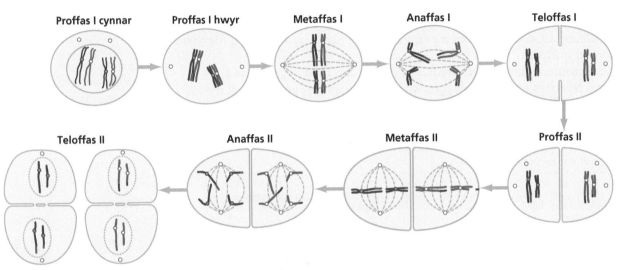

Ffigur 6.5 Meiosis

Mae meiosis II yn debyg i fitosis

ADOLYGU

Mae meiosis II yn diweddu drwy gynhyrchu pedair epilgell, a phob un â hanner y nifer gwreiddiol o gromosomau (haploid) a phob epilgell yn enynnol wahanol i'w gilydd ac i'r rhiant-gell.

Yn ystod ffrwythloniad, mae'r gametau haploid yn asio ac mae cromosomau'r ddau riant yn cael eu cymysgu. Mae hyn yn arwain at fwy o amrywiad genynnol yn yr epil.

Mae meiosis yn arwain at amrywiad

ADOLYGU

Mae yna dair prif ffynhonnell amrywiad mewn meiosis:
+ Trawsgroesi – yn ystod proffas I mae cromosomau homologaidd mewn deufalent yn cyfnewid genynnau mewn mannau o'r enw ciasmata.
+ Rhydd-ddosraniad – yn ystod metaffas I mae cromosomau homologaidd mewn deufalentau'n eu trefnu eu hunain ar hap ar y cyhydedd (Ffigur 6.6).
+ Mae cromosomau'r rhieni yn cymysgu yn ystod ffrwythloniad.

Gallwch chi wirio eich atebion yma: **www.hoddereducation.co.uk/fynodiadauadolygu**

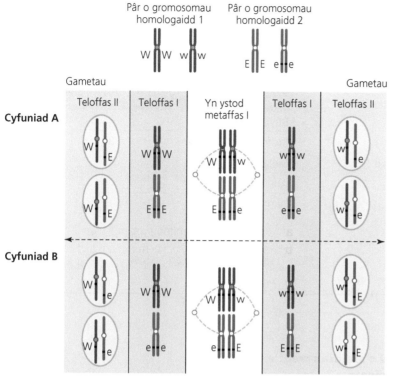

Pâr o gromosomau homologaidd 1   Pâr o gromosomau homologaidd 2

Ffigur 6.6 Rhydd-ddosraniad

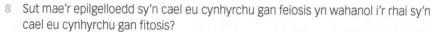

Gweithgaredd adolygu

Cynhyrchwch 'stribed comig' o luniadau i ddangos pob un o gamau mitosis a meiosis. Anodwch eich lluniadau â geiriau allweddol ac esboniad ychwanegol. Ar ôl gorffen, gorchuddiwch un cam a cheisiwch ei luniadu eto gyda'r holl labeli ac anodiadau cywir. Gwiriwch eich lluniad a nodwch unrhyw beth sydd ar goll; treuliwch rywfaint o amser yn atgyfnerthu'r rhain. Ailadroddwch y broses hon ar gyfer pob cam yn eich stribed comig.

Profi eich hun   PROFI ◯

8 Sut mae'r epilgelloedd sy'n cael eu cynhyrchu gan feiosis yn wahanol i'r rhai sy'n cael eu cynhyrchu gan fitosis?

9 Faint o epilgelloedd sy'n cael eu cynhyrchu gan feiosis I?

10 Beth yw deufalent?

11 Beth sy'n digwydd yn y ciasmata?

Sgiliau Ymarferol

Gwneud lluniad gwyddonol o gelloedd o sleidiau o flaenwreiddiau i ddangos camau mitosis

Yn yr ymchwiliad hwn, byddwch chi'n samplu celloedd sy'n cyflawni mitosis. Byddwch chi'n defnyddio celloedd o'r rhannau sy'n tyfu (meristemau) mewn gwreiddiau garlleg. Mae angen i chi ganolbwyntio ar ble mae'r cromosomau yn y celloedd; dim ond wyth cromosom sydd ym mhob cell garlleg, felly mae'n haws gweld sut maen nhw'n ymddwyn.

✚ Er mwyn gweld y cromosomau'n iawn, mae angen gwahanu'r celloedd i roi haen un gell o drwch.

✚ Defnyddiwch asid hydroclorig i hydrolysu'r pectinau sy'n gwneud i'r haenau o gelloedd lynu at ei gilydd.

✚ Ychwanegwch staen orsëin asetig i staenio'r cromosomau'n goch tywyll. Bydd y staen hefyd yn 'sefydlogi' y celloedd, gan atal mitosis.

✚ Defnyddiwch ficrosgop i arsylwi ar y celloedd, a nodi os ydyn nhw mewn rhyngffas (dim cromosomau'n weladwy) neu'n cyflawni mitosis.

✚ Gwnewch luniadau wedi'u hanodi o gelloedd ym mhob un o'r camau yng nghylchred y gell.

✚ Cofnodwch nifer y celloedd sydd ym mhob cam, gan gynnwys rhyngffas.

✚ Defnyddiwch y data i gyfrifo indecs mitotig y sampl.

Sgiliau mathemategol

Hafaliad yr indecs mitotig yw:

indecs mitotig =
$$\frac{\text{nifer y celloedd sy'n cyflawni mitosis}}{\text{cyfanswm nifer y celloedd sydd i'w gweld}}$$

Enghraifft wedi'i datrys

nifer y celloedd mewn mitosis (sydd ddim mewn rhyngffas) = 11 + 7 + 3 + 8 = 29

cyfanswm nifer y celloedd = 127

Felly, ar gyfer y data hyn:

$$\text{indecs mitotig} = \frac{29}{127} = 0.23$$

Cwestiynau ymarfer

1 Mae'r tabl isod yn dangos canlyniadau ymchwiliad i gellraniad mewn celloedd blaenwreiddyn garlleg.

Cam	Nifer y celloedd
Rhyngffas	86
Proffas	32
Metaffas	14
Anaffas	6
Teloffas	19

a Cyfrifwch indecs mitotig y sampl hwn.

b Pa gasgliad allwch chi ei ffurfio am hyd camau cylchred y gell o'r canlyniadau hyn? Esboniwch eich ateb.

Sgiliau Ymarferol

Gwneud lluniad gwyddonol o gelloedd o sleidiau wedi'u paratoi o antheri datblygol i ddangos camau meiosis

✚ Mae'r anther yn rhan o system genhedlu wrywol planhigion blodeuol.

✚ Bydd y gronynnau paill sy'n datblygu, yn y codenni paill, mewn gwahanol gamau meiosis.

✚ Defnyddiwch ficrosgop i arsylwi ar y celloedd, a nodi pa gamau meiosis maen nhw ynddynt.

✚ Gwnewch luniadau wedi'u hanodi o gelloedd ym mhob un o gamau meiosis.

Crynodeb

Dylech chi allu:

✚ Deall y berthynas rhwng cromatin, cromatidau a chromosomau homologaidd.

✚ Disgrifio'r prosesau sy'n digwydd yn ystod rhyngffas.

✚ Disgrifio'r digwyddiadau sy'n digwydd ym mhob un o gamau mitosis.

✚ Esbonio'r gwahaniaethau rhwng mitosis a meiosis.

✚ Disgrifio ffynonellau amrywiad genynnol mewn meiosis.

Cwestiynau enghreifftiol

1 Mae gan fosgito'r dwymyn felen rif diploid o 6.

a Lluniadwch ddiagram wedi'i labelu'n llawn i ddangos trefniad y cromosomau yn ystod:

i anaffas mitosis [2]

ii anaffas I meiosis [2]

b Esboniwch sut byddai trefniad y cromosomau yn anaffas II meiosis yn wahanol i'ch ateb i ran ii. [2]

2 Mae nifer o wahanol fecanweithiau yn rheoli mitosis.

a Esboniwch pam mae'n bwysig bod mitosis yn cael ei reoli ac nad yw cellraniad afreolus yn digwydd. [1]

b Un o'r mecanweithiau hyn yw sicrhau bod gan gell ddigon o glwcos ac asidau amino cyn i gellraniad allu dechrau (rheolaeth fetabolaidd dros gylchred y gell). Awgrymwch reswm dros y math hwn o reolaeth. [3]

c Dydy pwynt gwirio cydosod y werthyd (*spindle assembly checkpoint*) ddim yn sbarduno gwahanu chwaer-gromatidau nes bod y cromosomau i gyd wedi'u huno'n iawn â ffibrau'r werthyd. Disgrifiwch sut mae ffibrau'r werthyd yn uno â'r cromosomau. [1]

ch Esboniwch bwysigrwydd pwynt gwirio cydosod y werthyd i sicrhau bod epilgelloedd genynnol unfath yn cael eu cynhyrchu. [3]

Gallwch chi wirio eich atebion yma: **www.hoddereducation.co.uk/fynodiadauadolygu**

7 Mae organebau yn perthyn i'w gilydd drwy hanes esblygiadol

Rydyn ni'n grwpio organebau yn ôl eu perthnasoedd esblygiadol

Mae'r system ddosbarthu dacsonomig yn hierarchaidd

ADOLYGU

Mae tacsonomeg hierarchaidd yn golygu ein bod ni'n gallu isrannu grwpiau mwy yn grwpiau llai, a bod y berthynas rhwng yr organebau'n mynd yn agosach wrth i'r grŵp fynd yn llai.

Mae Tabl 7.1 yn dangos tacsonau (grwpiau) y system ddosbarthu, a dosbarthiad bodau dynol fel enghraifft.

Tabl 7.1 Dosbarthiad bodau dynol

Tacson	Enghraifft
Teyrnas	Animalia
Ffylwm	Chordata
Dosbarth	Mammalia
Urdd	Primatiaid
Teulu	Hominidae
Genws	*Homo*
Rhywogaeth	*Sapiens*

Gallwn ni ddiffinio rhywogaeth fel grŵp o organebau sy'n gallu rhyngfridio i gynhyrchu epil ffrwythlon. Mae gan rywogaethau enw Lladin dau air (binomaidd), sef y genws a'r rhywogaeth. Mae bodau dynol yn y genws *Homo*, felly enw binomaidd bodau dynol yw *Homo sapiens*. Enw binomaidd y teigr, sydd yn y genws *Panthera*, yw *Panthera tigris*. Mantais enw binomaidd yw ei fod yn gallu dangos perthnasoedd esblygol agos. Er enghraifft, enw binomaidd y llew yw *Panthera leo*, sy'n dangos ei fod yn yr un genws â'r teigr, ac felly'n perthyn yn agos. Mae hefyd yn caniatáu i wyddonwyr gyfathrebu'n glir heb ddibynnu ar enwau cyffredin, sy'n gallu amrywio mewn gwahanol ardaloedd.

> **Rhywogaeth** Organebau sy'n gallu rhyngfridio i gynhyrchu epil ffrwythlon.

Gallwn ni ddefnyddio coed esblygol i ddangos rhyngberthnasoedd rhwng organebau. Mae pob 'pwynt cangen' yn y goeden yn gyd-hynafiad. Y mwyaf diweddar yw cyd-hynafiad dwy organeb, yr agosaf yw'r berthynas rhwng yr organebau. Yn y goeden esblygol yn Ffigur 7.1, mae'r morfil asgellog llwyd yn perthyn yn agosach i'r morfil cefngrwm nag i'r morfil sberm, gan fod ganddyn nhw gyd-hynafiad mwy diweddar.

Mae dosbarthiad yn gallu newid dros amser. Mae tystiolaeth newydd o berthnasoedd esblygol yn gallu ymddangos, sy'n dangos bod organeb yn y grŵp tacsonomaidd anghywir, ac yna bydd angen diweddaru ei dosbarthiad.

> **Gweithgaredd adolygu**
>
> Crëwch gofrif i gofio trefn y tacsonau – er enghraifft, Trwy'r Ffynnon Daeth Un Teigr Gwyllt Rheibus.

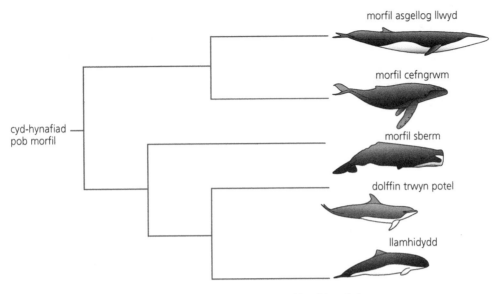

morfil asgellog llwyd

morfil cefngrwm

morfil sberm

dolffin trwyn potel

llamhidydd

cyd-hynafiad pob morfil

Ffigur 7.1 Coeden esblygol, yn dangos y perthnasoedd esblygol rhwng pum rhywogaeth morfil

Mae pob peth byw yn perthyn i un o bum teyrnas

ADOLYGU ●

Mae Tabl 7.2 yn dangos nodweddion allweddol pob un o'r pum teyrnas.

Tabl 7.2 Y system pum teyrnas

Teyrnas	Ewcaryotig gyda DNA wedi'i amgylchynu â philen	Ungellog/ amlgellog	Awtotroffig neu heterotroffig	Nodweddion eraill
Prokaryotae	✗	Ungellog	Awtotroffig a heterotroffig	Dim organynnau â philen; DNA yn rhydd yn y cytoplasm
Protoctista	✓	Ungellog gan amlaf ond rhai yn amlgellog	Awtotroffig a heterotroffig	Dim gwahaniaethu rhwng meinweoedd
Plantae	✓	Amlgellog	Awtotroffig	Ffotosynthetig
Ffyngau	✓	Amlgellog ac ungellog	Heterotroffig	Defnyddio sborau i atgynhyrchu; mae gan y rhan fwyaf ffilamentau o'r enw hyffâu
Animalia	✓	Amlgellog	Heterotroffig	Cyd-drefniant nerfol

Arweiniodd tystiolaeth fiocemegol newydd at y system ddosbarthu tri pharth

ADOLYGU ●

Mae tystiolaeth fiocemegol wedi dangos bod yna ddau grŵp gwahanol o brocaryotau sy'n sylfaenol wahanol i'w gilydd. Mae hyn wedi arwain at rannu'r procaryotau yn ddau grŵp ar wahân a datblygu'r system ddosbarthu tri pharth.

Rydyn ni'n rhannu'r holl organebau byw yn dri pharth:
+ Bacteria (Eubacteria) – procaryotau sy'n 'wir' facteria.
+ Archaea (Archaebacteria) – y procaryotau sy'n eithafoffilau. Mae eithafoffilau'n gallu byw mewn amrediad eang o wahanol amgylcheddau eithafol, gan gynnwys eithafion gwasgedd, pH, halwynedd a thymheredd.
+ Eukarya/eukaryota – pob organeb ewcaryotig, h.y. anifeiliaid, planhigion, ffyngau a phrotoctistiaid.

Gallwch chi wirio eich atebion yma: **www.hoddereducation.co.uk/fynodiadauadolygu**

Mae'r perthnasoedd esblygol hyn wedi cael eu sefydlu drwy gymharu dilyniannau basau (niwcleotidau) yn yr RNA ribosomaidd (rRNA) sy'n bresennol mewn rhywogaethau o bob grŵp.

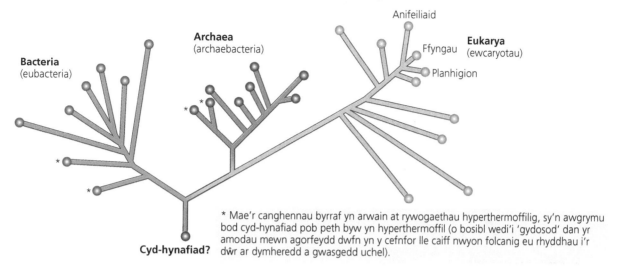

* Mae'r canghennau byrraf yn arwain at rywogaethau hyperthermoffilig, sy'n awgrymu bod cyd-hynafiad pob peth byw yn hyperthermoffil (o bosibl wedi'i 'gydosod' dan yr amodau mewn agorfeydd dwfn yn y cefnfor lle caiff nwyon folcanig eu rhyddhau i'r dŵr ar dymheredd a gwasgedd uchel).

Cafodd Archaea eu darganfod ymysg procaryotau mewn cynefinoedd eithafol ac anhygyrch. Wedi hynny, cafodd aelodau eraill o'r Archaea eu darganfod yn fwy eang – yng ngholudd llysysyddion ac yng ngwaelod llynnoedd a corsydd mynyddig, er enghraifft.

Ffigur 7.2 Dosbarthu organebau byw mewn tri pharth yn seiliedig ar eu RNA ribosomaidd

Gallwn ni ddefnyddio dulliau biocemegol i ganfod sut mae organebau'n perthyn

ADOLYGU

Gallwn ni ddefnyddio dulliau biocemegol i fesur cyfran y DNA sy'n cael ei rannu rhwng rhywogaethau a pha mor debyg yw dilyniannau asidau amino proteinau. Y tebycaf i'w gilydd yw dilyniannau basau DNA dwy organeb, yr agosaf yw'r berthynas rhwng yr organebau.

Yn aml, byddwn ni'n cymharu dilyniannau asidau amino ensymau. Mae gan lawer o organebau yr un ensymau, ond bydd dilyniannau asidau amino'r ensymau yn amrywio, gan ddibynnu ar ba mor agos yw'r berthynas rhwng yr organebau. Y tebycaf i'w gilydd yw dilyniannau asidau amino'r ensymau, yr agosaf yw'r berthynas rhwng yr organebau.
+ Echdynnu'r DNA neu'r proteinau ac yna eu gwahanu nhw.
+ Fel arfer, caiff y darnau o DNA neu'r proteinau eu harddangos fel bandiau ar gel electrofforesis (Ffigur 7.3).
+ Yn achos DNA, mae hyn yn creu ôl bys genynnol.
+ Bydd organebau sy'n perthyn yn agosach i'w gilydd yn cynhyrchu bandiau mewn safleoedd tebyg ar y gel electrofforesis.

Cyngor

Byddwch yn benodol wrth ateb cwestiynau am ddulliau biocemegol sy'n cael eu defnyddio i ddosbarthu. Chewch chi ddim marciau am ddweud eich bod chi'n cymharu'r DNA neu'r proteinau; rhaid i chi ddweud eich bod chi'n cymharu dilyniant asidau amino'r protein neu ddilyniant basau'r DNA.

Cysylltiadau

Dilyniant yr asidau amino mewn cadwyn polypeptid yw adeiledd cynradd y protein. Mae dilyniant yr asidau amino yn dibynnu ar ddilyniant basau DNA y genyn sy'n codio ar gyfer y protein.

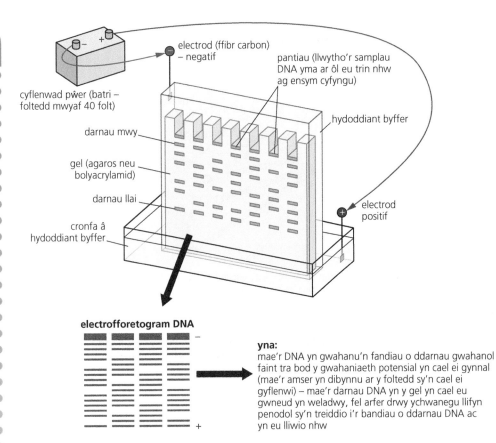

Ffigur 7.3 Defnyddio electrofforesis i wahanu darnau o DNA

Mae'r dulliau biocemegol hyn yn fwy manwl gywir na dulliau dosbarthu traddodiadol, a oedd yn aml yn dibynnu ar chwilio am debygrwydd o ran morffoleg (siâp y corff) neu anatomi.

Dydy nodweddion tebyg ddim yn golygu perthynas

ADOLYGU

Mae camgymeriadau dosbarthu yn gallu digwydd oherwydd esblygiad cydgyfeiriol. Mae hyn yn golygu bod nodwedd debyg wedi esblygu'n annibynnol mewn gwahanol organebau fel ymateb i bwysau dethol tebyg. Mae hyn yn golygu bod organebau'n gallu bod â nodweddion tebyg, ond dydy hyn ddim yn dystiolaeth o berthynas esblygol.

Gallwn ni ddangos y cysyniad hwn drwy ddefnyddio nodweddion homologaidd ac analogaidd.

Nodweddion homologaidd

Mae nodweddion homologaidd wedi esblygu o'r un ffurfiad gwreiddiol ond erbyn hyn yn gallu bod â swyddogaethau gwahanol. Mae'r aelod (limb) pentadactyl yn enghraifft dda o'r math hwn o nodwedd. Aelod â phum digid yw hwn sydd i'w gael mewn amrywiaeth eang o wahanol organebau, fel adar (adenydd i'w defnyddio i hedfan) ac ymlusgiaid (coesau i'w defnyddio i gerdded). Mae'r nodweddion homologaidd hyn yn dystiolaeth bod yr organebau hyn i gyd wedi esblygu o gyd-hynafiad (Ffigur 7.4).

> **Nodweddion homologaidd** Nodweddion sydd wedi esblygu o'r un ffurfiad gwreiddiol ond sy'n cyflawni swyddogaethau gwahanol.

Nodweddion analogaidd

Mae nodweddion analogaidd yn nodweddion tebyg sy'n gwneud yr un swyddogaeth ond sydd wedi esblygu o wahanol gyd-hynafiaid. Mae'r esgyll dorsal ar ddolffiniaid a siarcod yn enghraifft o nodweddion analogaidd. Mae'r nodweddion hyn wedi esblygu i wneud yr un swyddogaeth, ond dydyn nhw ddim wedi esblygu o gyd-hynafiad diweddar i ddolffiniaid a siarcod.

> **Nodweddion analogaidd** Nodweddion tebyg sy'n gwneud yr un swyddogaeth ond sydd ddim wedi esblygu o gyd-hynafiad.

Gallwch chi wirio eich atebion yma: **www.hoddereducation.co.uk/fynodiadauadolygu**

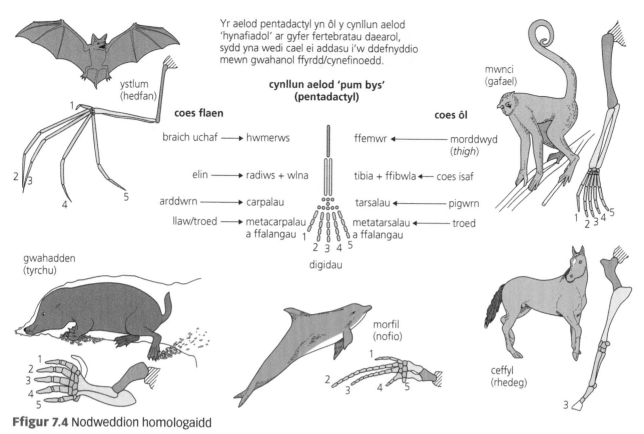

Ffigur 7.4 Nodweddion homologaidd

5   Pam bydden ni'n ystyried bod esgyll pengwiniaid a physgod yn nodweddion analogaidd?

6   Pa fath o nodwedd yw'r aelod pentadactyl?

7   Pa ddau ddull biocemegol gallwn ni eu defnyddio i ganfod sut mae organebau'n rhyngberthyn?

Mae bioamrywiaeth yn cyfeirio at bob rhywogaeth mewn ecosystem benodol

Ffordd o fesur nifer ac amrywiaeth yr organebau sydd i'w cael mewn rhanbarth ddaearyddol benodol yw bioamrywiaeth.

Mae bioamrywiaeth yn amrywio dros le ac amser, er enghraifft mae bioamrywiaeth yn tueddu i fod yn uwch yn agos at y cyhydedd ac yn lleihau wrth i chi symud tuag at y pegynau.

> **Bioamrywiaeth** Nifer y rhywogaethau a nifer yr unigolion o bob rhywogaeth mewn amgylchedd penodol.

Gallwn ni fesur bioamrywiaeth mewn gwahanol ffyrdd

ADOLYGU

Gallwn ni asesu bioamrywiaeth mewn cynefin mewn nifer o ffyrdd:

+ Cyfoeth rhywogaethol – nifer y rhywogaethau sy'n bresennol. Y mwyaf o rywogaethau, yr uchaf yw'r cyfoeth rhywogaethol.
+ Gwastadrwydd rhywogaethau – nifer yr unigolion o fewn pob poblogaeth o rywogaeth. Os yw un rhywogaeth yn dominyddu amgylchedd, mae'r gwastadrwydd rhywogaethau yn isel.

Gallwch chi ddefnyddio indecs amrywiaeth i gyfrifo amrywiaeth cynefin – er enghraifft indecs amrywiaeth Simpson; mae hafaliad yr indecs hwn i'w weld isod:

$$D = 1 - \frac{\Sigma n(n-1)}{N(N-1)}$$

lle N = cyfanswm nifer yr organebau yn y sampl ac n = nifer mewn rhywogaeth benodol.

Ymchwilio i fioamrywiaeth mewn cynefin

Yn yr ymchwiliad hwn, byddwch chi'n cynnal ymchwiliad i fioamrywiaeth mewn cynefin. Gallai'r ymchwiliad fod ar nifer o wahanol ffurfiau, ond mae amlinelliad o ddull o asesu organebau ansymudol, fel planhigion a ffyngau, i'w weld isod.

1 Defnyddiwch ddau dâp mesur i fesur arwynebedd samplu addas (e.e. 10m wrth 10m).

2 Dylech chi ddefnyddio generadur haprifau i roi dau rif rhwng 1 a 10. Defnyddiwch y rhifau hyn fel cyfesurynnau ar y grid, er enghraifft y rhifau 4 a 6. Rhowch gwadrad yng nghornel y pwyntiau hyn.

3 Cyfrwch nifer y rhywogaethau sy'n bresennol a'i gofnodi.

4 Ailadroddwch gamau 2 a 3 ddeg gwaith.

5 Defnyddiwch y data rydych chi wedi'u casglu i gyfrifo indecs amrywiaeth Simpson yr ardal dan sylw.

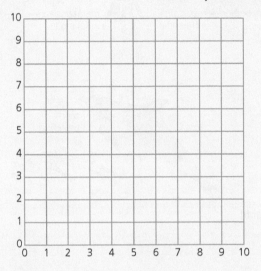

Ffigur 7.5 Enghraifft o grid samplu

Hafaliad indecs amrywiaeth Simpson, D, yw:

$$D = 1 - \frac{\Sigma n(n-1)}{N(N-1)}$$

Yr uchaf yw gwerth D, yr uchaf yw'r fioamrywiaeth, a'r gwerth mwyaf posibl yw 1.

Enghraifft wedi'i datrys

Mae'r tabl isod yn dangos canlyniadau ymchwiliad i amlder rhywogaeth rhai planhigion cyffredin ar gae ysgol. Cyfrifwch indecs amrywiaeth Simpson y data hyn.

Rhywogaeth	Nifer (n)	$n - 1$	$n(n - 1)$
Taraxacum sp. (dant y llew)	2	1	2
Bellis perennis (llygad y dydd)	3	2	6
Glaswellt/porfa	47	46	2162

Hafaliad indecs amrywiaeth Simpson, D, yw:

$$D = 1 - \frac{\Sigma n(n-1)}{N(N-1)}$$

lle N = nifer yr organebau sydd wedi'u samplu ac n = nifer yr unigolion o bob rhywogaeth.

$\Sigma n(n-1) = 2 + 6 + 2162 = 2170$

$N = 47 + 3 + 2 = 52$

$N(N-1) = 52(52-1) = 52(51) = 2652$

$D = 1 - \frac{2170}{2652} = 1 - 0.82 = 0.18$

Mae gwerth D yn yr enghraifft hon yn isel, sydd ddim yn syndod gan fod y data'n awgrymu bioamrywiaeth isel, gyda glaswellt yn dominyddu data'r sampl.

Cwestiynau ymarfer

1 Mae'r data isod yn dangos canlyniadau ymchwiliad i boblogaeth pryfed mewn coedwig law.

Rhywogaeth	Nifer (n)
Paraponera clavata	56
Titanus giganteus	7
Eciton burchellii	39
Dynastes hercules	5

Cyfrifwch indecs amrywiaeth Simpson o'r data hyn a gwnewch sylw am eich canlyniad.

Gallwch chi wirio eich atebion yma: www.hoddereducation.co.uk/fynodiadauadolygu

Gallwn ni hefyd astudio bioamrywiaeth o fewn rhywogaeth ar lefel genynnau a moleciwlau

Gallwn ni asesu bioamrywiaeth ar lefel enynnol drwy astudio'r amrywiaeth o alelau yng nghyfanswm genynnol poblogaeth, h.y. cyfrannau'r loci polymorffig ar draws y genom.

Mae polymorffedd yn disgrifio presenoldeb mathau gwahanol o unigolion ymysg aelodau o un rhywogaeth sydd ddim yn gallu cael eu hesbonio gan fwtaniadau'n unig, er enghraifft malwod o'r un rhywogaeth â chregyn o liwiau gwahanol.

Presenoldeb genynnau polymorffig sy'n achosi polymorffedd. Alelau gwahanol o'r un genyn yw genynnau polymorffig. I barhau â'r enghraifft uchod, byddai gan y malwod enyn ar gyfer lliw cragen a byddai mwy nag un alel ar gyfer y genyn hwn, gan arwain at y lliwiau gwahanol o gregyn sydd i'w gweld yn y boblogaeth.

Gallwn ni asesu bioamrywiaeth enynnol drwy ganfod nifer yr alelau ar locws (lleoliad ar gromosom) a chyfran y boblogaeth sydd ag alel penodol.

> **Polymorffedd**
> Presenoldeb mathau gwahanol o unigolion o fewn rhywogaeth.

Gallwn ni asesu bioamrywiaeth ar lefel foleciwlaidd drwy ddefnyddio olion bysedd DNA a dilyniannu DNA

Dydy hi ddim yn bosibl cyfrif pob un alel mewn poblogaeth, felly mae ymchwilwyr yn casglu samplau o DNA ac yn dadansoddi'r gwahaniaethau rhwng dilyniannau basau unigolion. Y mwyaf o amrywiad sydd yn y dilyniannau basau, y mwyaf o amrywiaeth enynnol sydd gan y rhywogaeth.

Dethol naturiol sy'n cynhyrchu bioamrywiaeth

Mae ysglyfaethu detholus yn enghraifft o'r broses hon. Mae organebau sydd wedi addasu'n well i amgylchedd yn llai tebygol o gael eu lladd gan ysglyfaethwyr. Mae hyn felly yn golygu eu bod nhw'n fwy tebygol o oroesi, bridio a throsglwyddo eu halelau i'w hepil. Mae cuddliw yn enghraifft o hyn.

O ganlyniad i ddethol naturiol, mae rhywogaethau wedi addasu yn unigryw i'r amgylchedd lle maen nhw'n byw. Mae'r addasiadau hyn yn cynnwys addasiadau anatomegol, ffisiolegol ac ymddygiadol:

+ Addasiadau anatomegol – yn aml, mae gan famolion mewn amgylcheddau oer ffwr trwchus, haenau trwchus o feinwe bloneg (braster) a chymarebau arwynebedd arwyneb:cyfaint is, i gyd er mwyn lleihau colledion gwres.
+ Addasiadau ffisiolegol – mae llawer o blanhigion, fel danadl, yn cynhyrchu gwenwyn i leihau eu siawns o gael eu bwyta.
+ Addasiadau ymddygiadol – mae llawer o anifeiliaid y diffeithdir yn nosol, ac yn cuddio dan y ddaear yn ystod y dydd ac yn dod allan yn ystod y nos pan mae'n oerach.

Profi eich hun

8 Beth sy'n digwydd i fioamrywiaeth wrth i chi symud oddi wrth y cyhydedd tuag at y pegynau?

9 Beth yw'r diffiniad o fioamrywiaeth?

10 Beth mae llawer o amrywiad yn nilyniannau basau DNA rhywogaeth yn ei awgrymu am ei bioamrywiaeth?

11 Pa broses sy'n peri i rywogaethau addasu yn unigryw i'r amgylchedd lle maen nhw'n byw?

Crynodeb

Dylech chi allu:

+ Disgrifio hierarchaeth tacsonau, y cysyniad o rywogaeth a'r system enwi finomaidd.
+ Esbonio'r system ddosbarthu tri pharth.
+ Disgrifio nodweddion y pum teyrnas.
+ Esbonio sut gallwn ni asesu perthynas drwy ddefnyddio nodweddion corfforol a dulliau biocemegol.
+ Diffinio bioamrywiaeth ac esbonio sut gallwn ni ei hasesu mewn cynefin, e.e. drwy ddefnyddio indecs amrywiaeth Simpson.

+ Esbonio sut gallwn ni asesu bioamrywiaeth o fewn rhywogaeth ar lefel enynnol ac ar lefel foleciwlaidd.
+ Esbonio mai dethol naturiol sy'n cynhyrchu bioamrywiaeth a bod organebau yn addasu i'w hamgylchedd.

Cwestiynau enghreifftiol

1 Mae Ffigur 7.6 yn dangos canlyniadau olion bysedd DNA pedair gwahanol rhywogaeth bacteria (A–D), sydd yn y deyrnas prokaryotae.

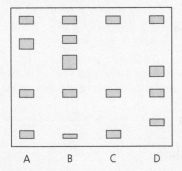

A   B   C   D

Ffigur 7.6

a Pa ddwy rywogaeth sy'n perthyn agosaf i'w gilydd? Esboniwch sut gwnaethoch chi gyrraedd eich ateb. [2]

Mae organeb arall (X) hefyd yn cael ei chanfod yn y sampl. Y gred yw bod yr organeb hon yn perthyn i barth gwahanol i organebau A–D. Mae microsgop electronau yn cael ei ddefnyddio i ganfod parth yr organeb.

b Nodwch ddwy nodwedd byddai modd eu defnyddio i ganfod pa barth y mae organeb X yn perthyn iddo. Esboniwch eich ateb. [3]

c Mae organeb X yn cael ei chanfod mewn agorfa hydrothermol lle mae'r tymereddau'n gallu bod dros 90°C. Pa derm gallwn ni ei ddefnyddio ar gyfer yr organebau hyn? [1]

2 Mae'r tabl isod yn dangos canlyniadau gweithgaredd samplu sy'n cynnwys ffurfiau gwahanol o'r un rhywogaeth o flodyn yn safle A.

Nodwedd y blodyn	Nifer i bob 10 m²
Petalau glas	3
Petalau porffor	15
Petalau glas â brychni gwyn	8
Petalau gwyn	6

a Esboniwch pam mae'r data hyn yn dangos tystiolaeth o bolymorffedd yn y rhywogaeth hon. [2]

Mae'r ymchwiliad yn cael ei ailadrodd mewn safle arall (safle B) gan roi'r canlyniadau isod.

Nodwedd y blodyn	Nifer i bob 10 m²
Petalau glas	30
Petalau porffor	5

b Esboniwch pa gasgliadau gallwn ni eu ffurfio am y gwahaniaethau o ran bioamrywiaeth rhwng y ddau safle. [2]

Mae llysysydd newydd yn cael ei gyflwyno i'r ardal. Mae'r llysysydd hwn yn fwy tebygol o fwyta planhigion â phetalau glas a phetalau gwyn yn hytrach na rhai â phetalau porffor.

c Esboniwch yn llawn sut gallai hyn newid amlderau lliwiau gwahanol y blodau. [4]

Gallwch chi wirio eich atebion yma: **www.hoddereducation.co.uk/fynodiadauadolygu**

Mae resbiradaeth aerobig yn cynnwys amsugno ocsigen

Mae organebau sy'n resbiradu'n aerobig yn amsugno ocsigen ac yn rhyddhau carbon deuocsid. Enw'r broses o amsugno ocsigen a rhyddhau carbon deuocsid yw cyfnewid nwyon. Mae'n rhaid i ocsigen gyrraedd celloedd organeb yn ddigon cyflym i gynnal resbiradaeth ac felly ddiwallu ei hanghenion metabolaidd.

Enw'r llwybr y mae nwyon yn ei ddilyn wrth dryledu, yw'r llwybr tryledu. Bydd llwybr tryledu hirach yn golygu bod nwyon yn tryledu'n arafach. Mae gallu organeb i ddiwallu ei hanghenion metabolaidd drwy dryledu nwyon hefyd yn dibynnu ar ei chymhareb arwynebedd arwyneb i gyfaint.

Wrth i faint organebau gynyddu, mae eu cymhareb arwynebedd arwyneb i gyfaint yn lleihau

ADOLYGU

Mae cymhareb arwynebedd arwyneb i gyfaint fach yn golygu bod angen arwynebau cyfnewid nwyon arbenigol mewn organebau mwy, er mwyn diwallu anghenion metabolaidd yr organeb.

Mae organebau mwy hefyd yn aml yn fwy metabolaidd weithgar, sy'n golygu bod angen mwy o ocsigen arnynt.

Sgiliau mathemategol

Cymarebau

Mae cymhareb yn mynegi perthynas rhwng meintiau. Mae'n dangos faint o un peth sydd gennych chi o'i gymharu â faint o un neu fwy o bethau eraill.

Dylech chi geisio cynrychioli cymarebau ar eu ffurf symlaf. I wneud hyn, mae angen rhannu pob rhif yn y gymhareb (sydd wedi'u gwahanu â cholon) â'r un rhif (ffactor gyffredin), a dal i wneud hyn nes bod gennych chi fynegiad sydd ddim yn gallu cael ei rannu eto i roi rhifau cyfan. Y ffordd gyflymaf o wneud hyn yw rhannu'r ddau rif â'u ffactor gyffredin fwyaf.

Enghraifft wedi'i datrys

Mae arwynebedd arwyneb organeb yn $6\,cm^2$ a'i chyfaint yn $4\,cm^3$. Beth yw arwynebedd arwyneb:cyfaint yr organeb?

Ateb

Arwynebedd arwyneb:cyfaint = 6:4

I ganfod ffurf symlaf y ffracsiwn hwn, mae angen rhannu'r ddau rif â'u ffactor gyffredin fwyaf; yn yr achos hwn, 2.

$$\frac{6}{2} = 3 \qquad \frac{4}{2} = 2$$

arwynebedd arwyneb:cyfaint = 3:2

Arwynebedd arwyneb a chyfaint

Byddwn ni'n aml yn defnyddio siapiau syml fel ciwbiau, prismau petryalog a silindrau i gynrychioli organebau a ffurfiadau biolegol. Felly, mae angen i chi allu cyfrifo arwynebedd arwyneb a chyfaint y siapiau hyn ac yna mynegi arwynebedd arwyneb:cyfaint fel cymhareb.

Arwynebedd arwyneb a chyfaint ciwb

Gan fod gan giwb chwe ochr unfath, i ganfod ei arwynebedd arwyneb, mae angen canfod arwynebedd un ochr ac yna ei luosi â 6.

I gyfrifo cyfaint ciwb, mae angen lluosi ei hyd â'i led â'i uchder.

Er enghraifft, ar gyfer ciwb ag ochrau $20\,mm$ o hyd:

arwynebedd un ochr = $20 \times 20 = 400\,mm^2$

cyfanswm arwynebedd arwyneb = $400 \times 6 = 2400\,mm^2$

cyfaint = $20 \times 20 \times 20 = 8000\,mm^3$

Felly, cymhareb arwynebedd arwyneb i gyfaint y ciwb hwn yw:

2400:8000

I ganfod ffurf symlaf y gymhareb hon, mae angen rhannu'r ddau rif â'u ffactor gyffredin fwyaf. Yn yr achos hwn, 800.

$$\frac{2400}{800} = 3 \qquad \frac{8000}{800} = 10$$

cymhareb arwynebedd arwyneb i gyfaint y ciwb = 3:10

Mae Ffigur 8.1 yn dangos bod cymhareb arwynebedd arwyneb i gyfaint ciwb yn lleihau wrth i'w gyfaint gynyddu.

Arwynebedd arwyneb a chyfaint silindr

Mae gan fwydyn ddiamedr o 0.6 cm a hyd o 9 cm. Gan ei drin fel silindr, darganfyddwch ei arwynebedd arwyneb a'i gyfaint.

I gyfrifo arwynebedd arwyneb silindr (prism silindrog), defnyddiwch y fformiwla:

arwynebedd arwyneb silindr = $2\pi rh + 2\pi r^2$

lle mae π = 3.14.

radiws y mwydyn = 0.3 cm

arwynebedd arwyneb = $(2 \times \pi \times 0.3 \times 9) + (2 \times \pi \times 0.3^2)$

arwynebedd arwyneb = 16.956 + 0.5652

arwynebedd arwyneb = 17.52 cm^2

Gallwch chi ganfod cyfaint y silindr gan ddefnyddio'r hafaliad:

cyfaint = $\pi r^2 h$

lle mae π = 3.14.

cyfaint = $\pi \times 0.3^2 \times 9$

cyfaint = 2.54 cm^3

arwynebedd arwyneb:cyfaint = 17.52:2.54 = 7:1

Cwestiynau ymarfer

1   Mewn ymchwiliad i drylediad, mae dau giwb yn cael eu rhoi mewn hydoddiant. Hyd ochr ciwb A yw 30 mm a hyd ochr ciwb B yw 60 mm. Mae'r hydoddiant yn newid lliw y ciwb o glir i goch wrth iddo dryledu i mewn i'r ciwb.

Cyfrifwch gymhareb arwyneb arwynebedd:cyfaint y ddau giwb a defnyddiwch eich ateb i ragfynegi pa giwb fyddai'n cymryd yr amser lleiaf i droi'n hollol goch.

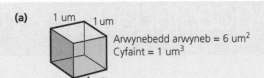
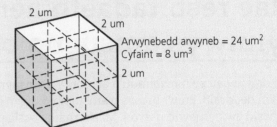

(a)

1 um   1 um

Arwynebedd arwyneb = 6 um^2
Cyfaint = 1 um^3

1 um

2 um   2 um

Arwynebedd arwyneb = 24 um^2
Cyfaint = 8 um^3

2 um

(b)

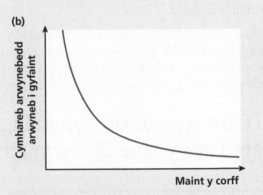

Cymhareb arwynebedd arwyneb i gyfaint

Maint y corff

Ffigur 8.1 (a) Wrth i gyfaint ciwb gynyddu, mae'r gymhareb arwynebedd arwyneb i gyfaint yn lleihau. (b) Y berthynas rhwng maint a chymhareb arwynebedd arwyneb i gyfaint

2   Mae llyswennod noeth (*moray eels*) yn organebau morol. Gan dybio bod llysywen noeth yn silindr â diamedr o 0.4 m a hyd o 1.2 m, cyfrifwch ei chymhareb arwynebedd arwyneb:cyfaint.

arwynebedd arwyneb silindr = $2\pi rh + 2\pi r^2$

cyfaint silindr = $\pi r^2 h$

π = 3.14

Mae gan organebau ungellog fel amoeba gymhareb arwynebedd arwyneb i gyfaint fawr

ADOLYGU

Does dim angen arwynebau resbiradol arbenigol ar organebau ungellog, oherwydd bod y llwybrau tryledu yn fyr iawn – mae trylediad nwyon ar draws pilen arwyneb y gell yn ddigon i ddiwallu anghenion metabolaidd yr organeb.

Mae rhai organebau amlgellog hefyd yn gallu cyfnewid nwyon drwy arwyneb y corff

ADOLYGU

Oherwydd eu maint mwy, mae gan lyngyr lledog gymhareb arwynebedd arwyneb i gyfaint lawer llai nag amoebau. Fodd bynnag, maen nhw'n fflat, sy'n cynyddu eu cymhareb arwynebedd arwyneb i gyfaint ac yn sicrhau bod llwybrau tryledu nwyon yn ddigon byr i dryledu nwyon fod yn ddigon cyflym i ddiwallu eu hanghenion metabolaidd. Mae hyn yn golygu bod

Gallwch chi wirio eich atebion yma: **www.hoddereducation.co.uk/fynodiadauadolygu**

cyfnewid nwyon yn gallu digwydd drwy arwyneb corff llyngyr lledog a does dim angen arwyneb resbiradol arbenigol (Ffigur 8.2).

Amoeba, protoctist mawr ungellog sy'n byw mewn dŵr pwll ac yn bwydo ar y protoctistiaid bach iawn o'i gwmpas. Mae'n cymryd bwyd i mewn i wagolynnau bwyd. Mae'n cyfnewid nwyon dros arwyneb y corff i gyd.

Maint = tua 400 μm

Dugesia tigrina, llyngyren ledog sy'n byw yn rhydd mewn pyllau o dan gerrig neu ddail, neu'n llithro dros y mwd. Mae'n bwyta anifeiliaid llai ac wyau pysgod. Mae'n anifail tenau iawn sy'n cyfnewid nwyon dros holl arwyneb y corff.

Maint = tua 20 mm

Cysylltiadau

Mae amoebau yn organebau ewcaryotig ungellog. Rydyn ni'n eu dosbarthu nhw yn y deyrnas Protoctista.

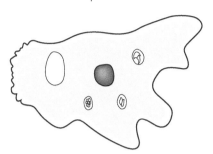
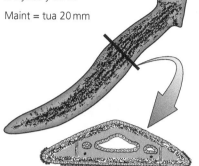

Ffigur 8.2 Organebau sy'n cyfnewid nwyon drwy eu harwyneb allanol

Mae mwydod yn organebau amlgellog eraill sy'n defnyddio arwyneb eu corff i gyfnewid nwyon. Fodd bynnag, mae siâp eu corff yn golygu bod eu cymhareb arwynebedd arwyneb i gyfaint yn rhy fach a bod y llwybrau tryledu'n rhy hir, felly allan nhw ddim dibynnu ar drylediad yn unig i gyflenwi eu celloedd yn ddigon cyflym i ddiwallu eu hanghenion metabolaidd. Felly, mae gan fwydod system cylchrediad gwaed sy'n cludo nwyon i'r meinweoedd sy'n resbiradu (Ffigur 8.3). Mae nwyon yn tryledu trwy arwyneb y corff ac i mewn i gapilarïau yn y croen. Yna, mae cyfangiadau ffug-galonnau yn pwmpio'r gwaed o gwmpas y corff.

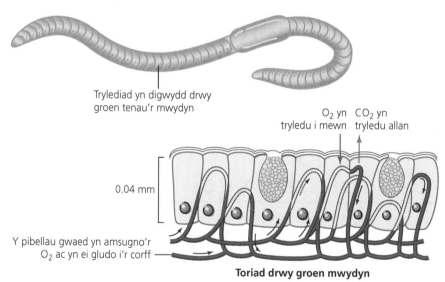

Trylediad yn digwydd drwy groen tenau'r mwydyn

O_2 yn tryledu i mewn CO_2 yn tryledu allan

0.04 mm

Y pibellau gwaed yn amsugno'r O_2 ac yn ei gludo i'r corff

Toriad drwy groen mwydyn

Ffigur 8.3 System cyfnewid nwyon mwydyn

Mae gan bryfed system draceol

Mae pryfed wedi addasu i fywyd daearol drwy ddatblygu system draceol.

Mae gan bryfed gwtigl anathraidd, sy'n lleihau colledion dŵr drwy anweddu

ADOLYGU

Mae cwtigl anathraidd pryfyn yn golygu nad yw'n gallu cyfnewid nwyon dros arwyneb y corff. Yn lle hynny, mae aer yn mynd i mewn i gorff y pryfyn drwy barau o dyllau bach o'r enw sbiraglau ar y thoracs a'r abdomen.

Mae'r aer yn mynd i mewn i'r sbiraglau ac yna'n teithio trwy system o diwbiau, sef y traceau, ac yna'r traceolau (Ffigur 8.4). Mae'r traceolau yn dod i gysylltiad uniongyrchol â chelloedd sy'n resbiradu ym mhob meinwe; pen y traceolau yw'r arwyneb cyfnewid nwyon ac mae nwyon yn tryledu'n uniongyrchol i mewn ac allan o'r celloedd. Mae pen y traceolau yn llawn hylif i gynorthwyo â thrylediad a chyfnewid nwyon.

Traceolau Tiwbiau cul sy'n cludo nwyon i bob meinwe yng nghorff pryfyn; mae cyfnewid nwyon yn digwydd ym mhen pellaf y traceolau.

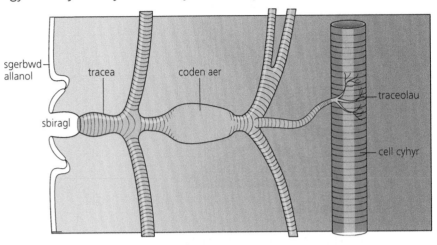

Ffigur 8.4 System draceol pryfyn

Mae cyfangiadau corff y pryfyn yn cyflymu symudiad yr aer drwy'r sbiraglau. Mae'r sbiraglau yn gallu agor a chau i arbed dŵr.

Profi eich hun

1 Beth yw arwyneb resbiradol yr amoeba?

2 Sut mae'r llyngyren ledog wedi addasu i sicrhau bod y llwybrau tryledu yn ei chorff yn fyr?

3 Sut mae'r mwydyn yn sicrhau bod nwyon yn cyrraedd celloedd yn ddigon cyflym i ddiwallu ei anghenion metabolaidd?

4 Sut mae pryfed yn cyflymu symudiad aer drwy'r sbiraglau?

Mae gan anifeiliaid mwy arwynebau resbiradol arbenigol

Mae arwynebau resbiradol mewn anifeiliaid mwy wedi addasu i amodau amgylcheddol – er enghraifft, tagellau pysgod ar gyfer amgylcheddau dyfrol ac ysgyfaint mamolion ar gyfer amgylcheddau daearol.

Mae angen nifer o nodweddion i gyfnewid nwyon yn effeithlon

ADOLYGU

Mae angen y canlynol ar arwynebau resbiradol arbenigol:

+ arwynebedd arwyneb mawr – i amsugno cymaint â phosibl o nwyon
+ bod yn llaith – i sicrhau bod nwyon yn tryledu'n effeithlon
+ bod yn denau – i ddarparu llwybr tryledu byr i nwyon
+ cyflenwad gwaed da – i gludo nwyon i'r arwyneb cyfnewid nwyon ac oddi wrtho, a chynnal y crynodiad

Mae gan anifeiliaid mawr, gweithgar sydd â chyfraddau metabolaidd uchel, fecanweithiau i ganiatáu awyru. Y mecanweithiau hyn sy'n cynnal graddiannau crynodiad ar draws arwynebau resbiradol.

Awyru Symud y cyfrwng resbiradol (e.e. aer, dŵr) dros yr arwyneb resbiradol.

Gallwch chi wirio eich atebion yma: **www.hoddereducation.co.uk/fynodiadauadolygu**

Mae pysgod esgyrnog yn defnyddio tagellau mewnol fel arwyneb cyfnewid nwyon

Mae gan bysgod esgyrnog dagellau mewnol, ac maen nhw'n awyru'r rhain drwy dynnu dŵr i mewn ac yna ei wthio allan a dros y tagellau. Mae gan y tagellau arwynebedd arwyneb mawr i nwyon dryledu oherwydd y ffilamentau tagell a'r platiau tagell (Ffigur 8.5). Pan mae dŵr yn llifo dros y tagellau mae'n eu gwahanu nhw, gan gynyddu'r arwynebedd arwyneb ar gyfer cyfnewid nwyon. Mae capilarïau yn y ffilamentau tagell yn sicrhau cyflenwad gwaed da, ac mae pysgod yn awyru'r tagellau i gynnal y graddiant crynodiad rhwng y gwaed a'r dŵr.

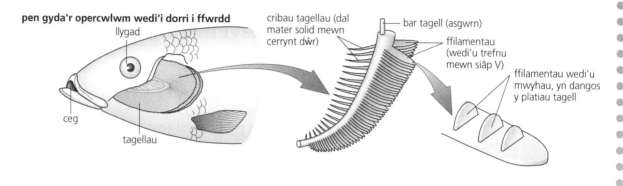

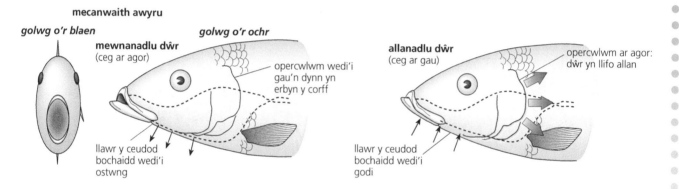

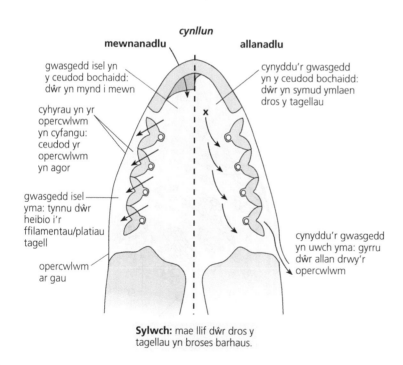

Ffigur 8.5 Adeiledd pysgodyn esgyrnog a'i fecanwaith awyru

Mae Ffigur 8.6 yn crynhoi proses awyru mewn pysgod.

Mae ceg y pysgodyn yn agor a llawr y ceudod bochaidd yn gostwng; mae'r opercwlwm ar gau

Mae hyn yn gostwng y gwasgedd yn y ceudod bochaidd ac yn tynnu dŵr i mewn

Mae'r geg yn cau, mae llawr y ceudod bochaidd yn codi ac mae'r opercwlwm yn agor; mae hyn yn cynyddu'r gwasgedd yn y ceudod bochaidd ac yn gorfodi dŵr dros y tagellau ac allan o'r opercwlwm

Ffigur 8.6 Awyru mewn pysgodyn

Mae gan bysgod esgyrnog system gwrthgerrynt o lif gwaed dros eu tagellau

ADOLYGU

Mae llif gwrthgerrynt yn golygu bod y gwaed yn llifo i'r cyfeiriad dirgroes i'r dŵr sy'n llifo dros y tagellau. Mae hyn yn sicrhau bod dŵr bob amser mewn cysylltiad â'r gwaed, sydd â chrynodiad ocsigen is (Ffigur 8.7). Mae hyn yn cynnal graddiant crynodiad ar gyfer trylediad ocsigen o'r dŵr i mewn i'r gwaed yr holl ffordd ar hyd y dagell. Mae hyn yn caniatáu i'r gwaed fynd yn ddirlawn iawn ag ocsigen.

Y dewis arall yw llif paralel, lle mae dŵr a gwaed yn llifo i'r un cyfeiriad dros y dagell. Mae llif paralel yn cyrraedd ecwilibriwm, ac ar ôl y pwynt hwnnw does dim trylediad ocsigen net o'r dŵr i'r gwaed. Mae hyn yn golygu bod y gwaed yn llai dirlawn ag ocsigen nag wrth ddefnyddio llif gwrthgerrynt (Ffigur 8.8).

Llif gwrthgerrynt Mae dŵr a gwaed yn llifo i gyfeiriadau dirgroes i'w gilydd.

Llif paralel Mae dŵr a gwaed yn llifo i'r un cyfeiriad.

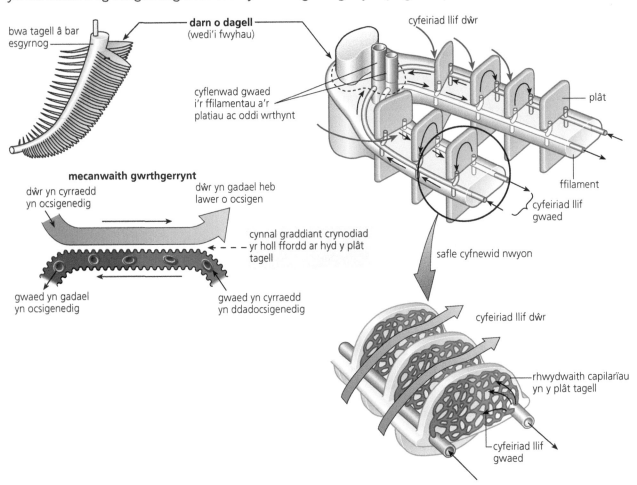

Ffigur 8.7 Adeiledd tagellau pysgodyn esgyrnog a chyfnewid nwyon â mecanwaith gwrthgerrynt

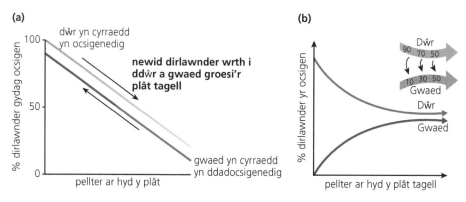

Ffigur 8.8 Crynodiadau ocsigen mewn pysgod sy'n defnyddio mecanweithiau (a) llif gwrthgerrynt a (b) llif paralel

---

Dyrannu pen pysgodyn i ddangos y system cyfnewid nwyon

Yn y dasg ymarferol hon, byddwch chi'n dyrannu pen pysgodyn i weld y tagellau. Wrth ddyrannu, mae'n bwysig canolbwyntio ar ddiogelwch.

✚ Gwnewch yn siŵr bod gennych chi arwyneb addas i ddyrannu arno.

✚ Wrth ddyrannu, dylech chi sicrhau eich bod chi'n torri oddi wrth eich corff bob amser. Cadwch offer miniog yn rhywle diogel ar y fainc er mwyn osgoi eu gollwng nhw ar y llawr yn anfwriadol.

✚ Defnyddiwch gyfarpar miniog; mae cyfarpar pŵl yn cynyddu'r risg o lithro a thorri eich hun.

✚ Defnyddiwch efel i agor yr opercwlwm. Edrychwch ar y ffilamentau tagell, ac agorwch a chaewch yr opercwlwm i weld sut byddai awyru'n digwydd fel arfer.

✚ Torrwch yr opercwlwm oddi ar y pen.

✚ Torrwch drwy'r bwa tagell lle mae'n cysylltu â'r pen yn y gwaelod a lle mae'n cysylltu yn y top.

✚ Codwch y tagellau allan ac edrychwch ar y ffilamentau tagell.

Mae gan amffibiaid ysgyfaint ond maen nhw hefyd yn gallu cyfnewid nwyon drwy eu croen

ADOLYGU ●

Mae gan amffibiaid gyfradd fetabolaidd is na mamolion oherwydd does dim angen iddyn nhw gynnal tymheredd eu corff. Mae hyn yn golygu bod tryledu ocsigen drwy eu croen yn ddigon cyflym i ddiwallu anghenion metabolaidd yr amffibiad, yn enwedig os nad yw'r amffibiad yn hela a'i fod yn aros yn gymharol llonydd.

Mae gan fodau dynol arwyneb cyfnewid nwyon mewnol i leihau colledion dŵr a gwres

ADOLYGU ●

Mae Ffigur 8.9 yn dangos adeiledd y system resbiradol ddynol.

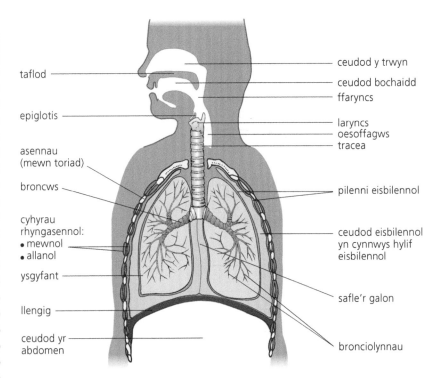

Ffigur 8.9 Adeiledd y thoracs dynol

Yr alfeoli yw'r arwyneb cyfnewid nwyon. Mae nwyon yn tryledu trwy fur tenau'r capilari i mewn ac allan o'r gwaed. Mae awyru yn sicrhau bod graddiant crynodiad yn cael ei gynnal ar gyfer ocsigen a charbon deuocsid (Ffigur 8.10).

Mae bodau dynol yn awyru eu hysgyfaint drwy anadlu â gwasgedd negatif. Mae Ffigur 8.11 yn dangos y broses hon.

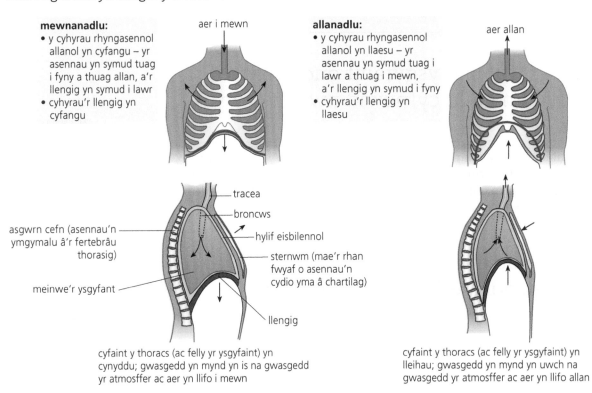

Ffigur 8.10 Mecanwaith awyru ysgyfaint dynol

Gallwch chi wirio eich atebion yma: **www.hoddereducation.co.uk/fynodiadauadolygu**

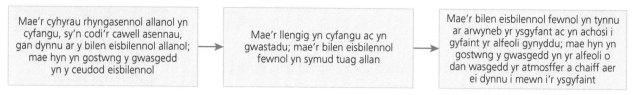

| Mae'r cyhyrau rhyngasennol allanol yn cyfangu, sy'n codi'r cawell asennau, gan dynnu ar y bilen eisbilennol allanol; mae hyn yn gostwng y gwasgedd yn y ceudod eisbilennol | → | Mae'r llengig yn cyfangu ac yn gwastadu; mae'r bilen eisbilennol fewnol yn symud tuag allan | → | Mae'r bilen eisbilennol fewnol yn tynnu ar arwyneb yr ysgyfant ac yn achosi i gyfaint yr alfeoli gynyddu; mae hyn yn gostwng y gwasgedd yn yr alfeoli o dan wasgedd yr atmosffer a chaiff aer ei dynnu i mewn i'r ysgyfaint |

Ffigur 8.11 Awyru mewn bod dynol

Wrth allanadlu, mae'r gwasgedd yn y ceudod eisbilennol yn cynyddu, sy'n cynyddu'r gwasgedd yn yr alfeoli yn fwy na gwasgedd yr atmosffer, a chaiff aer ei orfodi allan o'r ysgyfaint. Mae syrffactydd yn yr alfeoli yn lleihau'r tyniant arwyneb ac yn atal yr alfeoli rhag cwympo yn ystod allanadlu.

Mae Ffigyrau 8.12 ac 8.13 yn dangos swyddogaeth yr alfeoli ym mhroses cyfnewid nwyon.

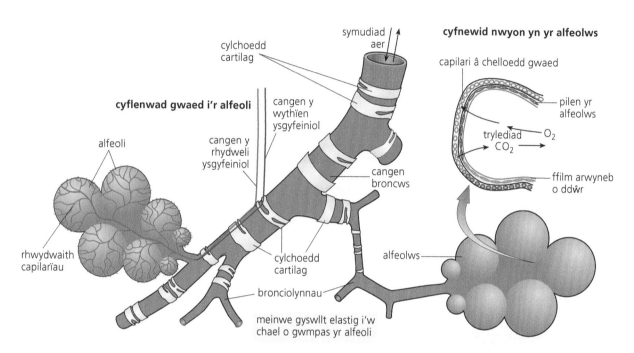

Ffigur 8.12 Cyflenwad gwaed a chyfnewid nwyon yn yr alfeolws

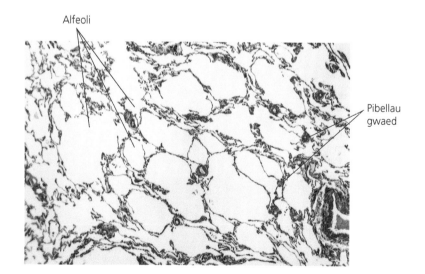

Ffigur 8.13 Ffotomicrograff o doriad drwy ysgyfant mamolyn

Cyngor

Mae llawer o ddisgyblion yn rhoi atebion anghywir am swyddogaeth syrffactyddion. Dydyn ni ddim yn eu defnyddio nhw i ganiatáu i nwyon hydoddi, nac i leihau ffrithiant.

Profi eich hun

5 Pam mae awyru'n bwysig?

6 Pam mae llif gwrthgerrynt yn nhagellau pysgod yn fwy effeithlon na llif paralel?

7 Pam mae syrffactydd yn bwysig yn yr alfeoli?

8 Beth sy'n digwydd i'r cyfaint a'r gwasgedd yn y ceudod eisbilennol yn ystod mewnanadliad?

Gweithgaredd adolygu

Ysgrifennwch siart llif i ddangos camau allweddol awyru mewn pysgod a bodau dynol, gan wneud yn siŵr eich bod chi'n cynnwys yr holl eiriau allweddol priodol. Torrwch y siart llif yn ddarnau ac yna ceisiwch roi'r camau yn y drefn gywir, gan sicrhau eich bod chi'n grwpio camau awyru bodau dynol a physgod yn gywir.

Mae dail wedi addasu ar gyfer ffotosynthesis a chyfnewid nwyon

Organ ffotosynthesis planhigyn yw'r ddeilen

ADOLYGU

Mae dail yn dangos nifer o addasiadau i ganiatáu i'r planhigyn gyflawni ffotosynthesis yn effeithiol (Tabl 8.1). Mae Ffigur 8.14 yn dangos adeiledd deilen nodweddiadol.

Tabl 8.1 Addasiadau dail ar gyfer ffotosynthesis

Addasiad	Budd
Mae'r cwtigl a'r epidermis yn dryloyw	Gadael i olau fynd drwodd i'r feinwe mesoffyl ffotosynthetig
Mae gan gelloedd mesoffyl palisâd lawer o gloroplastau, sy'n gallu symud o fewn y celloedd	Amsugno cymaint â phosibl o olau ar gyfer ffotosynthesis
Sylem wedi'i ddatblygu'n dda	Darparu dŵr, un o adweithyddion ffotosynthesis
Ffloem wedi'i ddatblygu'n dda	Cludo cynhyrchion ffotosynthesis

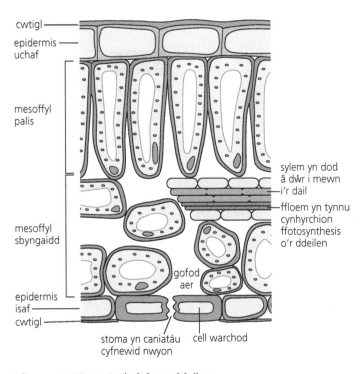

Ffigur 8.14 Trawstoriad drwy ddeilen

Gallwch chi wirio eich atebion yma: **www.hoddereducation.co.uk/fynodiadauadolygu**

Er mwyn i ffotosynthesis ddigwydd, mae angen i'r ddeilen fod wedi addasu hefyd i gyfnewid nwyon (Tabl 8.2). Ar gyfer ffotosynthesis, mae angen i blanhigion gymryd carbon deuocsid i mewn. Mae'r ocsigen sy'n cael ei gynhyrchu naill ai'n cael ei ddefnyddio i resbiradu neu'n cael ei ryddhau.

Tabl 8.2 Addasiadau dail ar gyfer cyfnewid nwyon

Addasiad	Budd
Tenau	Darparu llwybrau tryledu byr i nwyon
Gofodau aer yn y mesoffyl sbyngaidd	Caniatáu i nwyon dryledu
Arwynebau mewnol llaith	Caniatáu i nwyon dryledu'n effeithlon i mewn ac allan o gelloedd
Stomata	Mandyllau sy'n caniatáu i nwyon gael eu cyfnewid rhwng y tu mewn i'r ddeilen a'r aer o'i chwmpas

Mae stomata yn gallu agor a chau i leihau colledion dŵr

ADOLYGU

+ Yn y golau, mae cloroplastau yn y celloedd gwarchod o gwmpas y stomata yn cynhyrchu ATP yn ystod ffotosynthesis. Mae'r ATP yn cael ei ddefnyddio i gludo ïonau potasiwm (K+) yn actif i mewn i'r celloedd gwarchod. Ar yr un pryd mae startsh, sy'n anhydawdd ac felly'n anadweithiol o ran osmosis, yn cael ei drawsnewid yn falad, sy'n hydawdd ac felly'n adweithiol o ran osmosis.

+ Mae presenoldeb y malad a'r K+ yn gostwng potensial dŵr y celloedd gwarchod. Felly mae dŵr yn symud i mewn i'r celloedd gwarchod drwy gyfrwng osmosis, i lawr graddiant potensial dŵr.

+ Mae muriau allanol y celloedd gwarchod yn deneuach na muriau mewnol y gell warchod. Mae hyn yn golygu, wrth i ddŵr symud i mewn i'r celloedd gwarchod gan eu gwneud nhw'n chwydd-dynn, bod muriau allanol y celloedd gwarchod yn plygu mwy na'r muriau mewnol. Mae hyn yn achosi i'r mandwll stomataidd agor.

+ Mae'r gwrthwyneb i'r broses hon yn digwydd yn y tywyllwch, gan achosi i'r celloedd gwarchod gau (Ffigur 8.15).

Cyngor

Mae disgyblion yn aml yn ei chael hi'n anodd esbonio pam mae'r stomata'n agor wrth i'r celloedd gwarchod fynd yn chwydd-dynn. Y pwynt allweddol yw bod muriau allanol y celloedd gwarchod yn deneuach na'r muriau mewnol.

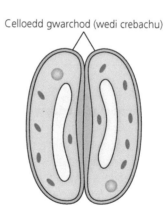

Ffigur 8.15 Stoma ar agor ac ar gau

Profi eich hun   PROFI

9 Pam mae malad yn bwysig i agor stomata?

10 Pa feinwe yn y ddeilen sy'n cynnwys gofodau aer?

11 Pam mae'n bwysig bod muriau allanol y celloedd gwarchod yn deneuach na'r muriau mewnol?

12 Pam mae'n bwysig i ffotosynthesis bod gan ddail feinwe sylem sydd wedi'i datblygu'n dda?

Ymchwiliad i niferoedd stomata mewn dail

Yn y dasg ymarferol hon, byddwch chi'n gwneud replica o ochr isaf deilen â farnais ewinedd ac yna'n ei ddefnyddio i gyfrifo dwysedd y stomata.

✦ Gwnewch replica o'r epidermis.
✦ Defnyddiwch ficrosgop i gyfrif nifer y stomata sydd yn y maes gweld.
✦ Ailadroddwch hyn wrth edrych ar dri lle arall.
✦ Cyfrifwch nifer cymedrig o stomata.

✦ Mesurwch ddiamedr y maes gweld gan ddefnyddio'r sylladur graticiwl a'ch graddnodiad i roi diamedr mewn mm.
✦ Cyfrifwch arwynebedd y maes gweld gan ddefnyddio'r fformiwla πr^2.
✦ Cyfrifwch ddwysedd y stomata.

nifer cymedrig y stomata bob mm^2
$$= \frac{\text{nifer cymedrig y stomata yn y maes gweld}}{\text{arwynebedd y maes gweld mewn } mm^2}$$

Cyfrifo dwysedd stomata

Mae'r tabl isod yn dangos canlyniadau ymchwiliad i ddwysedd stomata. Defnyddiwch y data i gyfrifo nifer cymedrig y stomata bob mm^2. Roedd diamedr pob maes gweld yn 2 mm. Tybiwch fod $\pi = 3.14$.

Maes gweld	1	2	3
Nifer y stomata	5	3	4

Cam 1: Cyfrifwch nifer cymedrig y stomata.

nifer cymedrig y stomata $= \dfrac{(5 + 3 + 4)}{3}$

$= \dfrac{12}{3}$

$= 4$

Cam 2: Cyfrifwch arwynebedd y maes gweld.

$r = \dfrac{2}{1} = 1\,mm$

arwynebedd y maes gweld $= \pi r^2 = \pi 1^2$

$= 3.14 \times 1 = 3.14\,mm^2$

Cam 3: Cyfrifwch nifer cymedrig y stomata bob mm^2.

nifer cymedrig y stomata bob mm^2
$$= \frac{\text{nifer cymedrig y stomata yn y maes gweld}}{\text{arwynebedd y maes gweld}}$$

$$= \frac{4}{3.14} = 1.27 \text{ stoma bob } mm^2$$

Cwestiynau ymarfer

3 Dyma ganlyniadau ymchwiliad i ddwysedd stomata.

	1	2	3
Nifer y stomata yn y maes gweld	7	11	9

Diamedr y maes gweld yw 0.6 mm; $\pi = 3.14$.

Cyfrifwch ddwysedd cymedrig y stomata.

Gwneud lluniad gwyddonol o doriad ardraws drwy ddeilen deugotyledon

Ar gyfer y dasg ymarferol hon, mae angen i chi gynhyrchu lluniad gwyddonol o gynllun chwyddhad isel o sleid wedi'i baratoi o doriad ardraws drwy ddeilen deugotyledon, gan gynnwys cyfrifo ei maint gwirioneddol a chwyddhad y lluniad.

Yn y dasg ymarferol hon, byddwch chi eto'n defnyddio sgiliau lluniadu gwyddonol, mesur gan ddefnyddio microsgop a chwyddhad. Mae mwy o fanylion am y sgiliau hyn ar dudalennau 27–29.

Cwestiynau enghreifftiol

1 a Mae sbyngau (Porifera) yn anifeiliaid dyfrol syml sy'n cydio wrth greigiau a swbstradau eraill. Does ganddyn nhw ddim arwynebau cyfnewid nwyon arbenigol; mae cyfnewid nwyon yn digwydd ar draws pilen blasmaidd y celloedd. Mae dŵr yn cael ei dynnu i mewn drwy fandyllau ac mae coanocytau (celloedd â chilia) yn helpu i gylchredeg dŵr o gwmpas ceudodau mewnol y sbwng.

   i Esboniwch pa gasgliad gallwn ni ei ffurfio am gyfradd fetabolaidd sbyngau. [2]

   ii Esboniwch bwysigrwydd coanocytau i gyfnewid nwyon mewn sbyngau. [2]

b Mae pysgod yn organebau dyfrol ag arwynebau cyfnewid nwyon arbenigol. Mae ymchwiliad yn cael ei gynnal i sut mae arwynebedd arwyneb tagellau yn amrywio rhwng pysgod sy'n byw mewn dŵr â chrynodiad isel o ocsigen wedi hydoddi, a dŵr â chrynodiad uwch o ocsigen wedi hydoddi.

   i Defnyddiwch eich gwybodaeth am gyfnewid nwyon i ragfynegi canlyniadau'r ymchwiliad hwn. Rhowch esboniad am eich ateb. [2]

   ii Mae eogiaid yn aml yn nofio'n gyflym â'u cegau a'u hopercwla ar agor. Esboniwch yn nhermau cyfnewid nwyon pam gallai hyn fod yn fantais. [2]

2 Mae'r graff yn Ffigur 8.16 yn dangos canran y stomata sydd ar agor ar wahanol adegau o'r dydd.

  a Esboniwch siâp y graff ym mhwyntiau:

    i A–B [2]

    ii B–C [2]

    iii C–D [2]

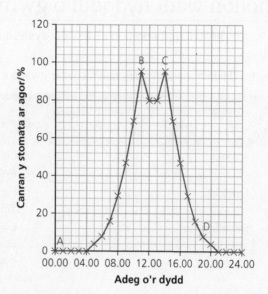

Ffigur 8.16

b Mae ymchwiliad yn cael ei gynnal i broses agor stomata. Yn y ddau achos canlynol dydy'r stomata ddim yn agor. Ym mhob achos, esboniwch pam.

   i Mae atalydd resbiradol yn cael ei ychwanegu at y celloedd gwarchod. [3]

   ii Mae sampl meinwe sy'n cynnwys yr epidermis isaf yn cael ei roi mewn hydoddiant hypertonig. [3]

Mae gan wahanol grwpiau o anifeiliaid amrywiaeth o systemau fasgwlar

Mae system fasgwlar yn cludo gwaed sy'n cynnwys maetholion wedi hydoddi o gwmpas y corff

ADOLYGU ○

Mae Tabl 9.1 yn rhestru nodweddion allweddol systemau fasgwlar anifeiliaid gwahanol.

Tabl 9.1 Nodweddion allweddol systemau fasgwlar gwahanol

Anifail	System cylchrediad gwaed agored neu gaeedig	Cludo nwyon resbiradol yn y gwaed	Cylchrediad
Pryfyn	Agored	Na	Calon siâp tiwb dorsal sy'n cylchredeg y gwaed (haemolymff) o gwmpas ceudod y corff (haemocoel)
Mwydyn	Caeedig	Ydy	Pum pâr o ffug-galonnau yn pwmpio'r gwaed o gwmpas y system cylchrediad gwaed
Pysgodyn	Caeedig	Ydy	Cylchrediad sengl, lle mae'r gwaed yn teithio trwy'r galon unwaith bob cylchred
Mamolyn	Caeedig	Ydy	Cylchrediad dwbl, lle mae'r gwaed yn teithio trwy'r galon ddwywaith bob cylchred. Mae'r system ysgyfeiniol yn cyflenwi gwaed dadocsigenedig i'r ysgyfaint ac mae'r system systemig yn cyflenwi gwaed ocsigenedig i feinweoedd y corff

✛ Mewn system cylchrediad sengl, caiff gwasgedd ei golli wrth i'r gwaed fynd trwy gapilarïau tagellau, sy'n golygu bod gwaed yn llifo'n arafach yn y cylchrediad systemig i'r meinweoedd. Mae cylchrediad dwbl yn cynnal gwasgedd uchel yn y cylchrediad systemig, sy'n golygu bod ocsigen yn cyrraedd y meinweoedd yn ddigon cyflym i fodloni gofynion metabolaidd uchel mamolyn (Ffigur 9.1).

✛ Mewn system cylchrediad agored, dydy'r gwaed ddim wedi'i gadw mewn pibellau ac mae'n trochi'r meinweoedd yn uniongyrchol; dydy gwaed pryfed ddim yn cludo nwyon.

✛ Mewn system cylchrediad gaeedig mae'r gwaed bob amser wedi'i gadw mewn pibellau (fasgwlareiddiad) neu yn y galon. Mae hyn yn sicrhau bod modd cludo gwaed dan wasgedd uchel i'r meinweoedd i ddiwallu eu hanghenion metabolaidd. Mae mwydod, pysgod a mamolion i gyd yn cludo nwyon resbiradol yn eu gwaed ac yn defnyddio'r pigment resbiradol haemoglobin i gludo ocsigen.

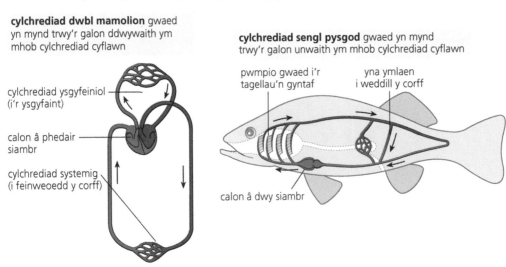

cylchrediad dwbl mamolion gwaed yn mynd trwy'r galon ddwywaith ym mhob cylchrediad cyflawn

cylchrediad ysgyfeiniol (i'r ysgyfaint)

calon â phedair siambr

cylchrediad systemig (i feinweoedd y corff)

cylchrediad sengl pysgod gwaed yn mynd trwy'r galon unwaith ym mhob cylchrediad cyflawn

pwmpio gwaed i'r tagellau'n gyntaf

yna ymlaen i weddill y corff

calon â dwy siambr

Ffigur 9.1 Cylchrediad sengl a dwbl

Gallwch chi wirio eich atebion yma: **www.hoddereducation.co.uk/fynodiadauadolygu**

Mae gan famolion nifer o bibellau gwaed gwahanol

Mae pum math gwahanol o bibellau gwaed mewn system cylchrediad mamolyn.

✦ Rhydwelïau – cludo gwaed oddi wrth y galon. Mae gan y rhydwelïau haen lawer mwy trwchus o gyhyr anrhesog a ffibr elastig yn eu mur i wrthsefyll gwasgedd uchel y gwaed sy'n dod o'r galon.

✦ Rhydwelïynnau – cysylltu'r rhydwelïau â chapilarïau.

✦ Capilarïau – cludo gwaed i mewn i'r meinweoedd. Mae capilarïau wedi'u haddasu i gyfnewid defnyddiau â meinweoedd oherwydd bod mandyllau yn eu muriau a dim ond un gell yw trwch yr endotheliwm.

✦ Gwythienigau – cludo gwaed o'r capilarïau i'r gwythiennau.

✦ Gwythiennau – cludo gwaed yn ôl i'r galon. Mae falfiau poced yn y gwythiennau i atal ôl-lifiad gwaed. Mae cyfangiadau cyhyrau sgerbydol yn gwasgu'r gwythiennau ac yn helpu i ddychwelyd gwaed i'r galon.

Mae gan rydwelïau, rhydwelïynnau, gwythienigau a gwythiennau yr un adeiledd tair haen

ADOLYGU ○

✦ Ffibrau colagen – gwydn ac yn gallu gwrthsefyll gorymestyn.

✦ Cyhyr anrhesog a ffibrau elastig – mae adlamu elastig y ffibrau elastig a chyfangiadau'r cyhyrau yn helpu i gynnal pwysedd gwaed ac yn caniatáu fasogyfyngiad a fasoymlediad.

✦ Endotheliwm – llyfn i leihau ffrithiant.

Mae Ffigyrau 9.2 a 9.3 yn dangos adeileddau rhydwelïau, gwythiennau a chapilarïau.

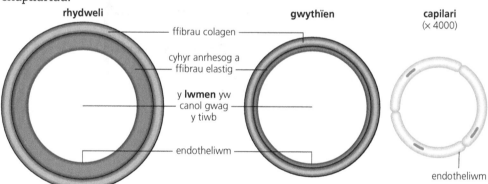

Ffigur 9.2 Adeiledd rhydwelïau, gwythiennau a chapilarïau

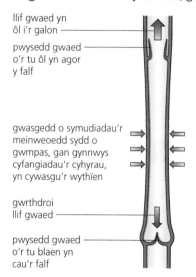

Ffigur 9.3 Falfiau mewn gwythïen

Sgiliau Ymarferol

Lluniad gwyddonol o doriad ardraws drwy rydweli a gwythïen

Ar gyfer y dasg ymarferol hon, mae angen i chi gynhyrchu lluniad gwyddonol o gynllun chwyddhad isel o sleid wedi'i baratoi o doriad ardraws drwy rydweli a gwythïen, gan gynnwys cyfrifo eu maint gwirioneddol a chwyddhad y lluniad.

Yn y dasg ymarferol hon, byddwch chi eto'n defnyddio sgiliau lluniadu gwyddonol, mesur gan ddefnyddio microsgop a chwyddhad. Mae mwy o fanylion am y sgiliau hyn ar dudalennau 27–29.

Fy Nodiadau Adolygu: CBAC UG Bioleg

Mae'r gwaed yn mynd trwy'r galon ddwywaith mewn un cylchrediad

Mae gwaed dadocsigenedig yn cael ei bwmpio o'r galon i'r ysgyfaint lle mae'n cael ei ocsigenu. Mae'n dychwelyd i'r galon cyn cael ei bwmpio i feinweoedd y corff. Yna, mae'r gwaed dadocsigenedig yn dychwelyd i'r galon.

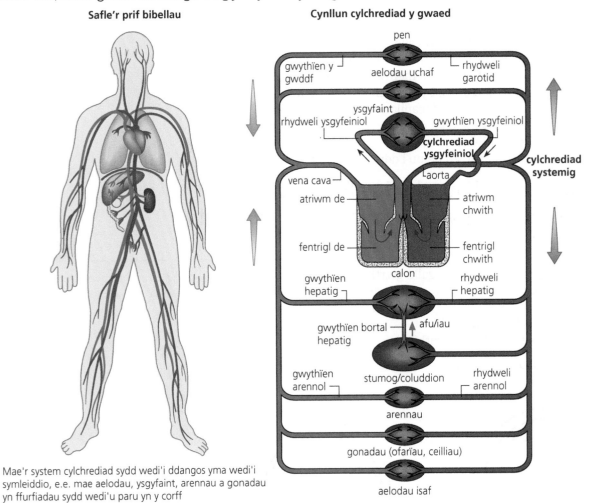

Mae'r system cylchrediad sydd wedi'i ddangos yma wedi'i symleiddio, e.e. mae aelodau, ysgyfaint, arennau a gonadau yn ffurfiadau sydd wedi'u paru yn y corff

Ffigur 9.4 System cylchrediad gwaed bodau dynol

Mae'r graff yn Ffigur 9.5 yn dangos y newidiadau gwasgedd wrth i waed lifo drwy'r system cylchrediad.

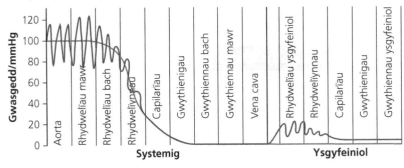

Ffigur 9.5 Y newidiadau i bwysedd gwaed drwy'r system cylchrediad

+ Yn y rhydwelïau, mae'r gwasgedd yn codi ac yn gostwng yn rhythmig wrth i'r fentriglau gyfangu (systole) a llaesu (diastole). Mae adlamu elastig muriau'r rhydwelïau yn cynnal y gwasgedd.
+ Mae'r gwasgedd yn gostwng yn y capilarïau, oherwydd bod mwy o ffrithiant, bod cyfanswm arwynebedd arwyneb y capilarïau yn fwy a bod hylif meinweol yn ffurfio.

Cyngor

Er bod y rhydwelïau'n cynnwys haen drwchus o gyhyr, dydyn nhw ddim yn 'pwmpio' gwaed. Gwnewch yn siŵr nad ydych chi'n ysgrifennu hyn mewn ateb.

Gallwch chi wirio eich atebion yma: **www.hoddereducation.co.uk/fynodiadauadolygu**

- Mae'r gwasgedd yn aros yn isel yn y gwythiennau wrth i'r gwaed ddychwelyd i'r galon.
- Mae'r gwasgedd yn y cylchrediad systemig yn uchel, er mwyn pwmpio gwaed o gwmpas y corff i gyd. Mae'r gwasgedd yn y system ysgyfeiniol yn is na'r gwasgedd yn y system systemig. Mae hyn oherwydd y pellter byrrach i'r ysgyfaint, ac mae'n atal hylif meinweol rhag ffurfio a difrodi'r alfeoli.

Mae gan y galon ddynol bedair siambr

ADOLYGU ●

Mae Ffigur 9.6 yn dangos adeiledd y galon ddynol. Mae Tabl 9.2 yn amlinellu swyddogaethau'r gwahanol ffurfiadau yn y galon.

golwg ar y galon o du blaen y corff gyda'r pericardiwm wedi'i dynnu

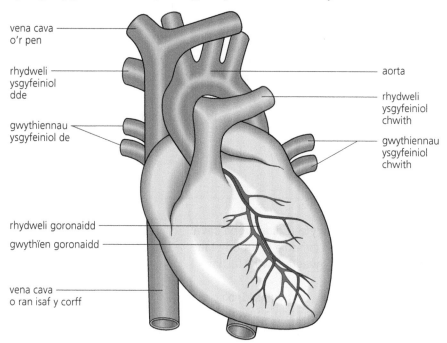

vena cava o'r pen
rhydweli ysgyfeiniol dde
gwythiennau ysgyfeiniol de
rhydweli goronaidd
gwythïen goronaidd
vena cava o ran isaf y corff
aorta
rhydweli ysgyfeiniol chwith
gwythiennau ysgyfeiniol chwith

Profi eich hun

1 Sut mae system cylchrediad agored yn wahanol i system cylchrediad caeedig?

2 Sut mae system cylchrediad sengl yn wahanol i system cylchrediad dwbl?

3 Beth yw'r gwahaniaethau rhwng haenau muriau rhydwelïau a gwythiennau?

4 Pam mae'r gwasgedd yn y rhydwelïau yn codi ac yn gostwng yn rhythmig?

PROFI ●

toriad hydredol drwy'r galon

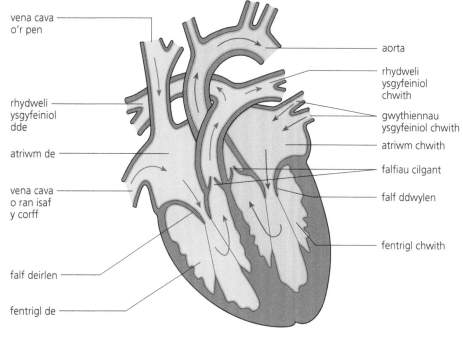

vena cava o'r pen
rhydweli ysgyfeiniol dde
atriwm de
vena cava o ran isaf y corff
falf deirlen
fentrigl de
aorta
rhydweli ysgyfeiniol chwith
gwythiennau ysgyfeiniol chwith
atriwm chwith
falfiau cilgant
falf ddwylen
fentrigl chwith

Ffigur 9.6 Adeiledd y galon

Tabl 9.2 Swyddogaethau'r gwahanol ffurfiadau yn y galon

Ffurfiad	Swyddogaeth
Vena cava a gwythïen ysgyfeiniol	Mae'r vena cava yn cludo gwaed dadocsigenedig i'r atriwm de ac mae'r wythïen ysgyfeiniol yn cludo gwaed ocsigenedig i'r atriwm chwith
Atria	Siambrau uchaf y galon
Fentriglau	Siambrau isaf y galon Mae gan y fentrigl chwith fur cyhyrog mwy trwchus na'r fentrigl de
Falfiau atrio-fentriglaidd – falf ddwylen yn ochr chwith y galon a falf deirlen yn ochr dde y galon	Falfiau rhwng yr atria a'r fentriglau sy'n cau i atal ôl-lifiad gwaed i mewn i'r atria
Rhydweli ysgyfeiniol ac aorta	Mae'r rhydweli ysgyfeiniol yn cludo gwaed dadocsigenedig o'r fentrigl de ac mae'r aorta yn cludo gwaed ocsigenedig o'r fentrigl chwith
Falfiau cilgant	Falfiau yn yr aorta a'r rhydweli ysgyfeiniol, sy'n cau i atal ôl-lifiad gwaed i mewn i'r fentriglau
Gwahanfur	Atal gwaed dadocsigenedig yn ochr dde'r galon rhag cymysgu â gwaed ocsigenedig yn ochr chwith y galon
Rhydwelïau coronaidd	Cludo gwaed ocsigenedig i'r cyhyr cardiaidd
Gwythiennau coronaidd	Cludo gwaed dadocsigenedig oddi wrth y cyhyr cardiaidd

Mae gwaed yn llifo trwy'r galon yn y gylchred gardiaidd

ADOLYGU

Mae Ffigur 9.7 yn amlinellu'r gylchred gardiaidd.
+ Mae gwaed yn mynd i mewn i'r atria o'r wythïen ysgyfeiniol a'r vena cava.
+ Mae'r atria yn llenwi ac yna'n cyfangu ar yr un pryd (systole atrïaidd). Mae hyn yn cynyddu'r gwasgedd yn yr atria, gan wthio gwaed drwy'r falfiau atrio-fentriglaidd agored i mewn i'r fentriglau.
+ Yna, mae'r fentriglau'n cyfangu ar yr un pryd (systole fentriglaidd) o'r apig tuag i fyny. Mae'r gwasgedd yn y fentriglau yn cynyddu'n uwch na'r gwasgedd yn yr atria ac mae'r falfiau atrio-fentriglaidd yn cau i atal ôl-lifiad gwaed. Mae hyn yn gorfodi gwaed i fyny drwy'r falfiau cilgant ac allan o'r galon i mewn i'r aorta a'r rhydweli ysgyfeiniol.
+ Mae'r cyhyr cardiaidd yn yr atria a'r fentriglau yna'n llaesu (diastole) ac mae'r atria yn ail-lenwi â gwaed. Mae'r gwasgedd yn y fentriglau'n mynd yn is na'r gwasgedd yn yr aorta a'r rhydweli ysgyfeiniol. Mae'r falfiau cilgant yn cau i atal ôl-lifiad gwaed.

Systole atrïaidd Yr atria yn cyfangu.

Systole fentriglaidd Y fentriglau yn cyfangu.

Diastole Y cyhyr cardiaidd yn llaesu.

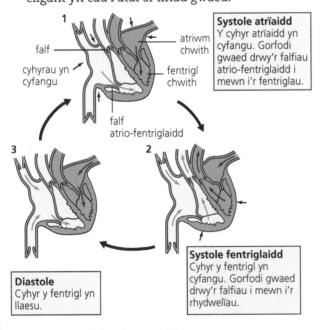

Ffigur 9.7 Y gylchred gardiaidd

Systole atrïaidd
Y cyhyr atrïaidd yn cyfangu. Gorfodi gwaed drwy'r falfiau atrio-fentriglaidd i mewn i'r fentriglau.

Systole fentriglaidd
Cyhyr y fentrigl yn cyfangu. Gorfodi gwaed drwy'r falfiau i mewn i'r rhydwelïau.

Diastole
Cyhyr y fentrigl yn llaesu.

Gallwch chi wirio eich atebion yma: **www.hoddereducation.co.uk/fynodiadauadolygu**

Mae Ffigur 9.8 yn dangos y newidiadau gwasgedd yn y galon.

Cyngor

Lle mae dwy linell yn croesi ar y graff hwn, mae'n bwynt lle mae falfiau'n agor neu'n cau.

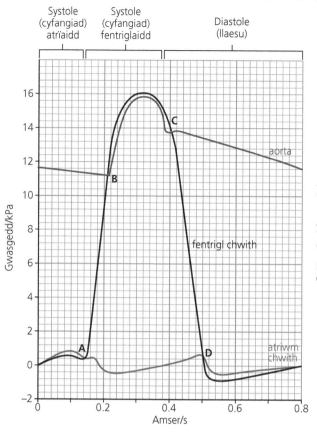

A: falf atrio-fentriglaidd (dwylen) yn cau

B: falf gilgant yn agor a gwaed yn llifo i mewn i'r aorta

C: falf gilgant yn cau

D: falf atrio-fentriglaidd (dwylen) yn agor

Ffigur 9.8 Y newidiadau gwasgedd yn y galon yn ystod un gylchred gardiaidd

Mae cyhyr y galon yn fyogenig

ADOLYGU ●

Mae cyhyr y galon yn gallu cyfangu heb ysgogiad gan y system nerfol (myogenig).

+ Mae'r nod sino-atrïaidd yn gweithredu fel rheoliadur. Mae'n cynhyrchu ton o gyffroad, sy'n lledaenu dros yr atria, gan eu dadbolaru nhw ac achosi iddyn nhw gyfangu (systole atrïaidd).

+ Mae'r don o gyffroad yn cyrraedd y nod atrio-fentriglaidd ond nid yw'n gallu symud ymlaen yn uniongyrchol i'r fentriglau oherwydd presenoldeb y falfiau.

+ Yn lle hynny, mae'r nod atrio-fentriglaidd yn trosglwyddo'r don o gyffroad i lawr sypyn His i apig y fentriglau.

+ Yna, mae'r don o gyffroad yn teithio i fyny drwy'r ffibrau Purkinje ym muriau'r fentriglau. Mae hyn yn dadbolaru'r fentriglau, gan achosi iddyn nhw gyfangu o'r apig tuag i fyny (systole fentriglaidd).

Gweithgaredd adolygu

Lluniwch siart llif mawr i ddangos gweithrediadau cardiaidd, gan gynnwys llif gwaed drwy'r galon, newidiadau gwasgedd yn y galon a gweithgarwch trydanol yn y galon.

Gallwn ni ddefnyddio electrodau ar y croen i ganfod gweithgarwch trydanol y galon

ADOLYGU ●

Drwy gysylltu cyfres o electrodau â'r corff, gallwn ni arddangos y signalau trydanol ar osgilosgop pelydryn catod neu gofnodydd siart. Mae hyn yn cynhyrchu cofnod o'r enw electrocardiogram (ECG).

Mae gan ECG donnau nodweddiadol, sy'n cyfateb i ddigwyddiadau penodol yn y gylchred gardiaidd (Ffigur 9.9):

+ Mae'r don P yn dangos dadbolareiddiad yr atria yn ystod systole atrïaidd.

+ Mae'r don QRS yn dangos dadbolareiddiad y fentriglau, sy'n arwain at systole fentriglaidd.

+ Mae'r don T yn dangos ailbolareiddiad y fentriglau yn ystod diastole fentriglaidd.

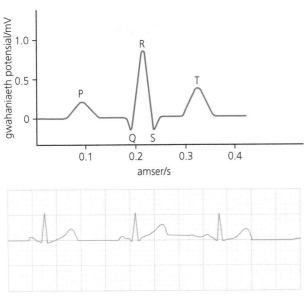

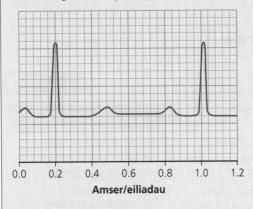

Olin ECG gyflawn o glaf iach

Ffigur 9.9 Electrocardiogram

Gallwn ni ddefnyddio ECG i gyfrifo cyfradd curiad calon unigolyn. I ganfod cyfradd curiad y galon, mae angen dod o hyd i'r amser rhwng dau bwynt cyfatebol ar yr olin ECG, er enghraifft brig dau gymhlygyn QRS (Ffigur 9.10). Dyma amser un curiad calon.

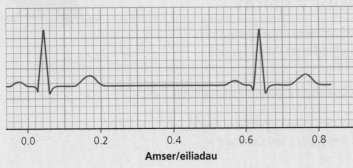

Ffigur 9.10 Graff ECG

amser rhwng dau frig cymhlygyn QRS = 1 − 0.2 = 0.8 eiliad

I ganfod nifer y curiadau y munud, mae angen rhannu 60 â'r amser hwn:

$$\text{cyfradd curiad y galon} = \frac{60}{0.8} = 75 \text{ curiad y munud}$$

Cwestiynau ymarfer

1 Mae Ffigur 9.11 yn dangos ECG claf. Cyfrifwch gyfradd curiad calon y claf mewn curiadau y munud.

Ffigur 9.11 Graff ECG

Gallwch chi wirio eich atebion yma: **www.hoddereducation.co.uk/fynodiadauadolygu**

Dyrannu calon famolaidd

✚ Arsylwch ar du allan y galon.

✚ Torrwch i fyny o apig y galon drwy waelod y fentrigl chwith, yr atriwm chwith a'r wythïen ysgyfeiniol

✚ Sylwch ar y falfiau cilgant yn yr aorta a'r rhydweli ysgyfeiniol.

✚ Agorwch y galon ac arsylwi ar yr atriwm chwith, y fentrigl chwith a'r falf ddwylen gyda'r cordae tendineae (tendonau) yn cysylltu'r falf gyda mur y fentrigl.

✚ Ailadroddwch y broses ar gyfer ochr dde'r galon, gan sylwi ar y falf deirlen.

5 Beth sy'n cadw'r gwaed ocsigenedig a dadocsigenedig ar wahân yn y galon?

6 Beth yw swyddogaeth y falf deirlen?

7 Esboniwch bwysigrwydd sypyn His.

8 Beth mae'r cymhlygyn QRS yn ei gynrychioli ar ECG?

PROFI ◯

Mae ocsigen yn cael ei gludo yn y gwaed ar ffurf ocsihaemoglobin

Celloedd coch y gwaed sy'n cludo ocsihaemoglobin. Enw arall ar gelloedd coch y gwaed yw erythrocytau.

Mae gan gelloedd coch y gwaed siâp deugeugrwm

ADOLYGU ◯

Mae siâp deugeugrwm celloedd coch y gwaed yn cynyddu eu harwynebedd arwyneb i amsugno mwy o ocsigen. Mae hefyd yn darparu llwybr tryledu byr i nwyon. Does gan gelloedd coch y gwaed ddim cnewyllyn, felly maen nhw'n gallu cludo mwy o haemoglobin. Mae pedwar moleciwl ocsigen yn gallu rhwymo wrth bob moleciwl haemoglobin yng nghelloedd coch y gwaed. Affinedd yr haemoglobin yw pa mor hawdd y mae'n rhwymo wrth y moleciwlau ocsigen.

Mae Ffigur 9.12 yn dangos cromlin ddaduniad ocsigen. I bob diben, gwasgedd rhannol ocsigen yw crynodiad ocsigen. Ar wasgedd rhannol ocsigen uchel, mae'r haemoglobin yn ddirlawn iawn ag ocsigen. Mae hyn yn golygu bod yr haemoglobin wedi rhwymo wrth ocsigen i ffurfio ocsihaemoglobin. Wrth i wasgedd rhannol yr ocsigen ostwng, mae dirlawnder yr haemoglobin yn gostwng. Mae hyn yn golygu bod yr ocsihaemoglobin yn daduno, gan ryddhau'r ocsigen.

Mae siâp S y gromlin yn golygu bod haemoglobin yn gallu llwytho ocsigen ar amrediad o wasgeddau rhannol yn yr ysgyfaint ond ei fod yna'n daduno'n gyflym wrth i'r gwasgedd rhannol ostwng. Mae hyn yn golygu bod modd dadlwytho ocsigen yn y meinweoedd sy'n resbiradu.

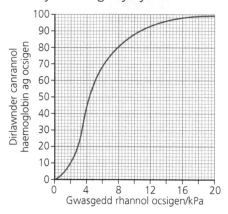

Ffigur 9.12 Cromlin ddaduniad ocsigen mewn oedolyn dynol

Mae'r gromlin ddaduniad yn symud gan ddibynnu ar addasiadau organebau i'r amgylchedd

ADOLYGU

Mae'r lama yn byw mewn mannau uchel, felly mae wedi addasu i amgylchedd â gwasgedd rhannol ocsigen isel. Felly, mae gan haemoglobin y lama gromlin ddaduniad ocsigen sydd i'r chwith o gromlin bodau dynol. Mae hyn yn golygu bod gan haemoglobin y lama fwy o affinedd ag ocsigen a'i fod yn gallu mynd yn gwbl ddirlawn ag ocsigen ar wasgeddau rhannol ocsigen is.

Mae haemoglobin lygwn yn dangos symudiad tebyg i'r chwith. Mae'r lygwn yn byw mewn daear sy'n llawn dŵr môr. Mae gan y dŵr grynodiad ocsigen is nag aer, felly mae'n amgylchedd sydd â llai o ocsigen. Mae hyn yn golygu bod angen affinedd uchel ag ocsigen ar haemoglobin y lygwn i sicrhau ei fod yn gallu mynd yn gwbl ddirlawn ag ocsigen ar wasgeddau rhannol ocsigen is.

Mewn bodau dynol, mae cromlin haemoglobin y ffoetws hefyd wedi'i symud i'r chwith. Felly, mae gan haemoglobin y ffoetws affinedd uwch ag ocsigen na haemoglobin y fam (Ffigur 9.13). Mae hyn yn golygu bod y ffoetws yn gallu amsugno ocsigen o waed y fam ar bob gwasgedd rhannol ocsigen.

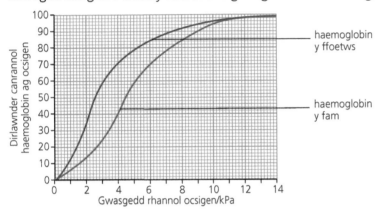

Ffigur 9.13 Cromliniau daduniad haemoglobin ffoetws ac oedolyn

ADOLYGU

Mae effaith Bohr yn symud y gromlin ddaduniad ocsigen i'r dde

Mae effaith Bohr yn cael ei hachosi gan grynodiad carbon deuocsid uchel, ac mae'n achosi i'r gromlin ddaduniad ocsigen symud i'r dde (Ffigur 9.14). Mae hyn yn golygu bod affinedd yr haemoglobin ag ocsigen yn lleihau. Felly, mae'r ocsihaemoglobin yn daduno ar wasgeddau rhannol ocsigen uwch, sy'n golygu ei bod hi'n haws dadlwytho ocsigen yn y meinweoedd sy'n resbiradu.

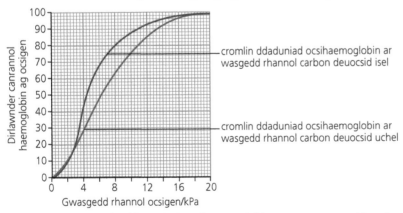

Ffigur 9.14 Y gromlin ddaduniad ocsihaemoglobin mewn gwasgeddau rhannol carbon deuocsid isel ac uchel

> **Effaith Bohr** Mae cynyddu crynodiad carbon deuocsid yn gostwng affinedd haemoglobin ag ocsigen, sy'n achosi i'r gromlin ddaduniad ocsigen symud i'r dde.

> **Cyngor**
>
> Un ffordd syml o gofio i ba gyfeiriad mae'r cromliniau daduniad yn symud, yw bod lama a lygwn yn dechrau gydag L a bod eu cromliniau daduniad ocsigen yn symud i'r chwith (*left*). Mae'r un peth yn wir am *foetal*, sy'n diweddu gydag L. Mae effaith Bohr yn achosi symudiadau i'r dde, ac mae Bohr yn diweddu gydag R am *right*.

Gallwch chi wirio eich atebion yma: **www.hoddereducation.co.uk/fynodiadauadolygu**

Mae carbon deuocsid yn cael ei gludo yn y gwaed ar ffurf ïonau hydrogencarbonad

ADOLYGU

Fel arfer, caiff carbon deuocsid ei gludo yn y gwaed ar ffurf ïonau hydrogencarbonad yn y plasma. Mae'r rhain yn ffurfio yn ystod y syfliad clorid. Dyma'r camau yn y broses:

✚ Mae carbon deuocsid yn tryledu o'r celloedd sy'n resbiradu i mewn i'r hylif meinweol. Pan mae'r hylif meinweol yn dychwelyd i'r gwaed, mae'n cludo'r carbon deuocsid gydag ef.

✚ Mae carbon deuocsid yn tryledu i mewn i gelloedd coch y gwaed o'r plasma.

✚ Mae'r ensym carbonig anhydras yn catalyddu'r broses o ffurfio asid carbonig o garbon deuocsid a dŵr.

✚ Mae asid carbonig yn daduno i ffurfio ïonau hydrogen (H^+) ac ïonau hydrogencarbonad (HCO_3^-).

✚ Yna, mae'r ïonau hydrogencarbonad yn tryledu allan o gelloedd coch y gwaed ac i mewn i'r plasma.

✚ Mae ïonau clorid yn tryledu i mewn i gelloedd coch y gwaed i gydbwyso colled yr ïonau hydrogencarbonad a chynnal niwtraliaeth electrocemegol y gell.

✚ Mae'r broses wrthdro yn digwydd pan mae celloedd coch y gwaed yn cyrraedd yr alfeoli, gan ffurfio carbon deuocsid, sydd yna'n gallu tryledu i mewn i'r alfeoli a chael ei allanadlu.

> **Hylif meinweol** Plasma heb y proteinau; mae'n cludo moleciwlau sydd wedi hydoddi i'r meinweoedd.

Cysylltiadau

Mae ïonau clorid ac ïonau hydrogencarbonad yn tryledu i mewn ac allan o gelloedd coch y gwaed drwy gyfrwng trylediad cynorthwyedig, oherwydd bod y wefr sydd arnyn nhw'n eu hatal rhag mynd trwy'r cynffonnau asid brasterog amholar.

Mae rhywfaint o CO_2 hefyd yn cael ei gludo ar ffurf carbaminohaemoglobin.

Mae'r cynnydd mewn ïonau H^+ sy'n cael ei achosi gan yr asid carbonig yn lleihau affinedd haemoglobin ag ocsigen (effaith Bohr sy'n cael ei hesbonio uchod). Mae'r ocsihaemoglobin yn rhwymo wrth H^+ ac yn rhyddhau ocsigen. Yna, mae'r ocsigen yn tryledu allan o gelloedd coch y gwaed ac i mewn i'r meinweoedd.

Y plasma sy'n cludo maetholion, hormonau a chynhyrchion ysgarthol

ADOLYGU

Mae'r moleciwlau sydd wedi hydoddi yn y plasma yn cael eu cludo i gelloedd y meinweoedd gan hylif meinweol. Plasma heb y proteinau plasma yw hylif meinweol.

✚ Ar ben rhydwelïol y gwely capilarïau, mae'r gwasgedd hydrostatig yn fwy na'r gwasgedd osmotig (Ffigur 9.15). Mae hyn yn golygu bod dŵr a moleciwlau bach hydawdd, fel ocsigen a glwcos, yn cael eu gorfodi trwy furiau'r capilari. Mae hyn yn ffurfio hylif meinweol, sy'n trochi'r celloedd.

✚ Mae proteinau a chelloedd yn rhy fawr i gael eu gorfodi allan, felly maen nhw'n aros yn y plasma.

✚ Mae'r pwysedd gwaed yn gostwng ar hyd y capilari oherwydd ffrithiant, gwrthiant y muriau a'r lleihad yng nghyfaint y gwaed oherwydd bod hylif meinweol wedi ffurfio.

✚ Felly, ar ben gwythiennol y capilari, mae'r gwasgedd osmotig yn fwy na'r gwasgedd hydrostatig.

✚ Mae'r rhan fwyaf o'r dŵr o'r hylif meinweol yn symud yn ôl i mewn i'r capilari drwy gyfrwng osmosis, i lawr y graddiant potensial dŵr.

Mae'r plasma hefyd yn dosbarthu gwres o gwmpas y corff.

Mae gweddill yr hylif meinweol yn dychwelyd i'r gwaed drwy'r pibellau lymff (Ffigur 9.16).

Dydy proteinau gwaed, yn enwedig yr albwminau, ddim yn gallu dianc; maen nhw'n cynnal potensial dŵr y plasma, gan atal colli gormodedd o ddŵr a helpu hylif i ddychwelyd i'r capilarïau.

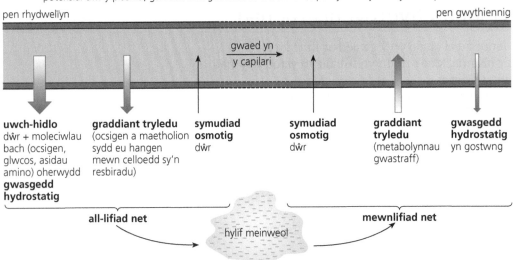

pen rhydwelïyn

pen gwythiennig

gwaed yn y capilari

uwch-hidlo
dŵr + moleciwlau bach (ocsigen, glwcos, asidau amino) oherwydd **gwasgedd hydrostatig**

graddiant tryledu
(ocsigen a maetholion sydd eu hangen mewn celloedd sy'n resbiradu)

symudiad osmotig
dŵr

symudiad osmotig
dŵr

graddiant tryledu
(metabolynnau gwastraff)

gwasgedd hydrostatig
yn gostwng

all-lifiad net

mewnlifiad net

hylif meinweol

Ffigur 9.15 Ffurfio hylif meinweol

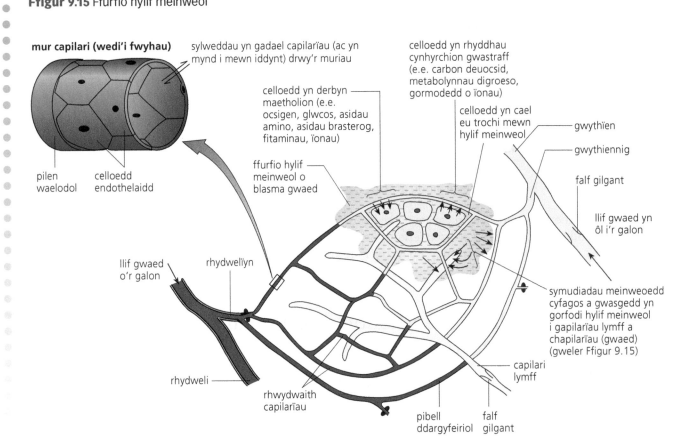

mur capilari (wedi'i fwyhau)

sylweddau yn gadael capilarïau (ac yn mynd i mewn iddynt) drwy'r muriau

celloedd yn rhyddhau cynhyrchion gwastraff (e.e. carbon deuocsid, metabolynnau digroeso, gormodedd o ïonau)

celloedd yn derbyn maetholion (e.e. ocsigen, glwcos, asidau amino, asidau brasterog, fitaminau, ïonau)

celloedd yn cael eu trochi mewn hylif meinweol

gwythïen

gwythiennig

falf gilgant

ffurfio hylif meinweol o blasma gwaed

llif gwaed yn ôl i'r galon

pilen waelodol

celloedd endothelaidd

symudiadau meinweoedd cyfagos a gwasgedd yn gorfodi hylif meinweol i gapilarïau lymff a chapilarïau (gwaed) (gweler Ffigur 9.15)

llif gwaed o'r galon

rhydwelïyn

capilari lymff

rhydweli

rhwydwaith capilarïau

pibell ddargyfeiriol

falf gilgant

Ffigur 9.16 Cyfnewid sylweddau rhwng y gwaed a'r celloedd

Profi eich hun   PROFI ○

9   Pam mae'n bwysig bod cromlin ddaduniad ocsigen haemoglobin ffoetws wedi symud i'r chwith?

10 Pam mae hylif meinweol yn ffurfio ym mhen rhydwelïol y capilari?

11 Pam mae ïonau clorid yn symud i mewn i gelloedd coch y gwaed?

12 Sut mae crynodiad carbon deuocsid uchel yn effeithio ar ocsihaemoglobin?

Gallwch chi wirio eich atebion yma: **www.hoddereducation.co.uk/fynodiadauadolygu**

Mae gan blanhigion feinwe fasgwlar ar gyfer cludiant

Mae planhigion yn cludo dŵr, ïonau mwynol a chynhyrchion ffotosynthesis mewn meinwe fasgwlar.

Mae meinwe fasgwlar mewn planhigion yn cynnwys sylem a ffloem

ADOLYGU ⬤

Mae Ffigyrau 9.17 a 9.18 yn dangos dosbarthiad meinweoedd fasgwlar mewn planhigyn blodeuol.

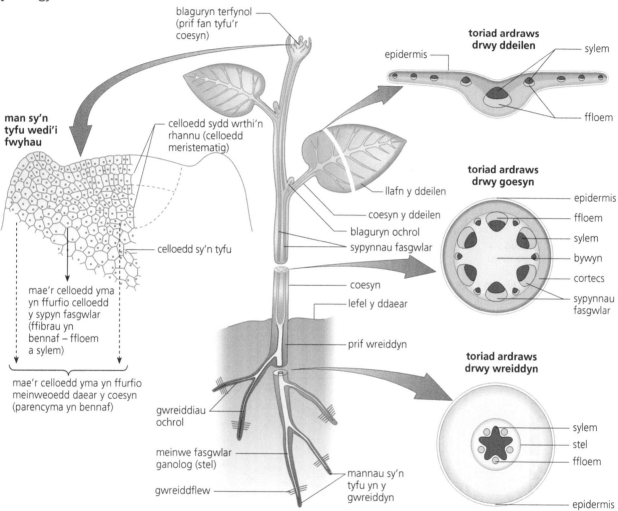

Ffigur 9.17 Dosbarthiad sylem a ffloem mewn planhigyn blodeuol

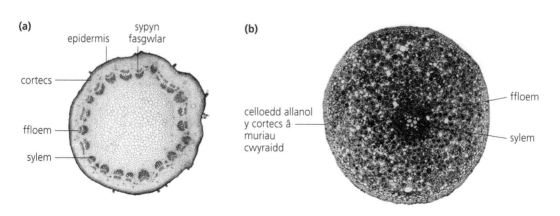

Ffigur 9.18 Toriad ardraws drwy'r feinwe fasgwlar: (a) coesyn *Helianthus* a (b) gwreiddyn *Ranunculus*

Fy Nodiadau Adolygu: CBAC UG Bioleg

Mae celloedd gwreiddflew yn amsugno dŵr o'r pridd

Mae celloedd gwreiddflew wedi addasu i amsugno dŵr o'r pridd drwy fod ag arwynebedd arwyneb mawr. Mae ïonau mwynol yn cael eu cludo'n actif i mewn i'r celloedd gwreiddflew. Mae hyn yn gostwng y potensial dŵr yn y celloedd gwreiddflew ac mae dŵr yn symud i mewn drwy gyfrwng osmosis.

Yna, mae dŵr yn symud i lawr y graddiant potensial dŵr drwy gortecs y gwreiddyn ar dri llwybr (Ffigur 9.19):

+ apoplast – drwy'r cellfuriau
+ symplast – drwy'r cytoplasm a'r plasmodesmata
+ gwagolaidd – drwy'r gwagolynnau

Y llwybr apoplast yw'r llwybr cyflymaf; dyma sut mae ïonau mwynol yn symud drwy'r cortecs.

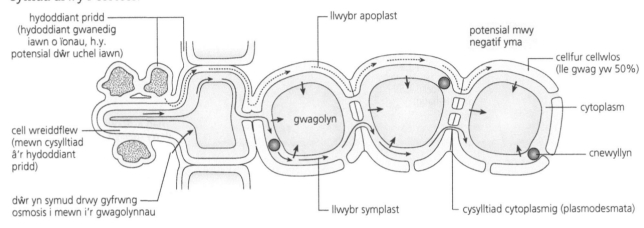

Ffigur 9.19 Sut mae dŵr yn symud ar draws celloedd planhigyn

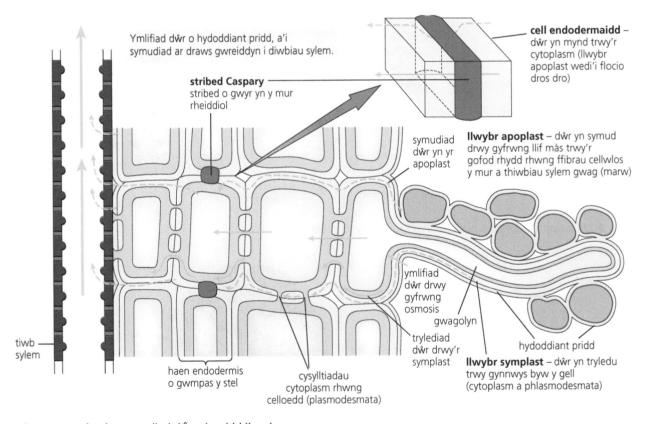

Ffigur 9.20 Llwybr symudiad dŵr o'r pridd i'r sylem

Gallwch chi wirio eich atebion yma: **www.hoddereducation.co.uk/fynodiadauadolygu**

Mae'r tri llwybr yn parhau nes eu bod nhw'n cyrraedd yr endodermis, sy'n cynnwys stribed Caspary. Mae hwn wedi'i wneud o swberin, sy'n anathraidd i ddŵr ac yn blocio'r llwybr apoplast. Mae'r dŵr yn cael ei orfodi i mewn i'r cytoplasm ac felly mae'n mynd i'r sylem ar y llwybr symplast (Ffigur 9.20). Mae'n rhaid i ïonau mwynol gael eu cludo'n actif i mewn i'r cytoplasm; mae hyn yn caniatáu i'r planhigyn ddewis pa ïonau mwynol sy'n dod i'r cytoplasm.

Mae dŵr yn symud i fyny'r planhigyn drwy diwbiau sylem

ADOLYGU

Mae meinwe sylem yn cynnwys celloedd marw, wedi'u ligneiddio o'r enw tiwbiau sylem (Ffigur 9.21). Mae'r muriau rhwng y celloedd yn ymddatod, gan ffurfio tiwb hir, parhaus i fyny'r coesyn.

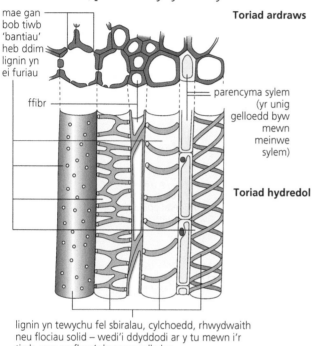

mae gan bob tiwb 'bantiau' heb ddim lignin yn ei furiau

Toriad ardraws

ffibr

parencyma sylem (yr unig gelloedd byw mewn meinwe sylem)

Toriad hydredol

lignin yn tewychu fel sbiralau, cylchoedd, rhwydwaith neu flociau solid – wedi'i ddyddodi ar y tu mewn i'r tiwb, gan gryfhau'r haenau cellwlos

Ffigur 9.21 Adeiledd meinwe sylem mewn toriad ardraws a thoriad hydredol

Mae gan ddŵr dri dull o symud i fyny'r sylem.

Mae capilaredd yn golygu bod grymoedd adlyniad a chydlyniad yn caniatáu i foleciwlau dŵr godi i fyny tiwbiau cul am bellter byr

Mae'r grymoedd adlyniad rhwng moleciwlau dŵr a leinin hydroffilig y tiwbiau sylem, ac mae'r grymoedd cydlyniad rhwng y moleciwlau dŵr.

> **Cydlyniad** Grym rhwng moleciwlau dŵr.
>
> **Adlyniad** Grym rhwng moleciwlau dŵr a leinin hydroffilig y tiwb sylem.

Mae cludiant actif ïonau mwynol i mewn i sylem y gwreiddiau yn cynhyrchu gwasgedd gwraidd

Mae ymlifiad mwynau yn gostwng y potensial dŵr yn y sylem, gan achosi i ddŵr symud i mewn i'r sylem drwy gyfrwng osmosis a gorfodi dŵr i fyny'r coesyn.

Trydarthiad yw colled dŵr ar ffurf anwedd dŵr o ddail a chyffion planhigion

Mae bondiau hydrogen yn cysylltu moleciwlau dŵr (cydlyniad). Yn ôl damcaniaeth cydlyniad–tyniant, mae dŵr sy'n anweddu o'r ddeilen yn 'tynnu' ar y golofn ddŵr – y llif trydartholl – sy'n estyn o'r ddeilen, i lawr y sylem ac i'r gwreiddiau. Mae'r tyniant hwn yn tynnu dŵr i fyny'r tiwbiau sylem (Ffigur 9.22).

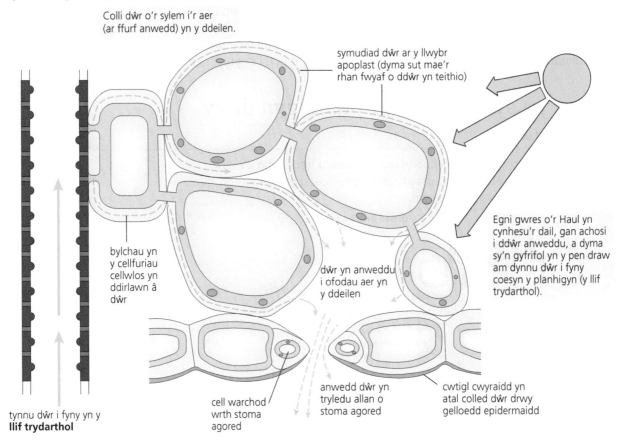

Colli dŵr o'r sylem i'r aer (ar ffurf anwedd) yn y ddeilen.

symudiad dŵr ar y llwybr apoplast (dyma sut mae'r rhan fwyaf o ddŵr yn teithio)

Egni gwres o'r Haul yn cynhesu'r dail, gan achosi i ddŵr anweddu, a dyma sy'n gyfrifol yn y pen draw am dynnu dŵr i fyny coesyn y planhigyn (y llif trydarthol).

bylchau yn y cellfuriau cellwlos yn ddirlawn â dŵr

dŵr yn anweddu i ofodau aer yn y ddeilen

tynnu dŵr i fyny yn y **llif trydarthol**

cell warchod wrth stoma agored

anwedd dŵr yn tryledu allan o stoma agored

cwtigl cwyraidd yn atal colled dŵr drwy gelloedd epidermaidd

Ffigur 9.22 Llwybr symudiad dŵr o'r sylem drwy'r ddeilen

Mae nifer o ffactorau yn effeithio ar gyfradd trydarthu

+ Tymheredd – mae cynyddu'r tymheredd yn cynyddu cyfradd trydarthu. Mae hyn oherwydd bod cynyddu'r tymheredd yn cynyddu egni cinetig y moleciwlau dŵr, sy'n golygu eu bod nhw'n fwy tebygol o anweddu allan o'r stomata.
+ Symudiad aer – mae mwy o symudiad aer yn cynyddu cyfradd trydarthu. Mae hyn oherwydd bod mwy o symudiad aer yn arwain at gael gwared â moleciwlau dŵr o gwmpas y stomata, gan gynyddu'r graddiant tryledu ac arwain at golli dŵr yn gyflymach o'r stomata.
+ Arddwysedd golau – mae cynyddu arddwysedd y golau yn cynyddu cyfradd trydarthu. Mae hyn oherwydd bod cynyddu arddwysedd golau yn cynyddu cyfradd ffotosynthesis, sy'n arwain at agor mwy o stomata i ddarparu carbon deuocsid ar gyfer ffotosynthesis.
+ Lleithder – mae cynyddu lleithder yn lleihau cyfradd trydarthu. Mae hyn oherwydd bod mwy o ddŵr yn yr aer, sy'n lleihau'r graddiant tryledu ar gyfer dŵr, ac felly'n lleihau cyfradd colli dŵr.

> **Cyngor**
>
> Lleithder yw'r unig ffactor sy'n effeithio ar drydarthiad sydd yn achosi i gyfradd trydarthu *leihau* wrth i'r ffactor gynyddu.

Sgiliau Ymarferol

Defnyddio potomedr syml i ymchwilio i drydarthiad

Yn y dasg ymarferol hon, byddwch chi'n defnyddio potomedr i ymchwilio i effaith ffactor ar ymlifiad dŵr i gyffyn planhigyn. Dydy'r holl ddŵr sy'n mynd i mewn i'r planhigyn ddim yn cael ei golli drwy gyfrwng trydarthiad.

Mae angen dŵr i gadw celloedd yn chwydd-dynn ac fel adweithydd mewn ffotosynthesis. Fodd bynnag, dim ond ychydig bach o'r dŵr sy'n cael ei dynnu i fyny'r sylem sy'n cael ei ddefnyddio; mae'r rhan fwyaf yn cael ei golli drwy gyfrwng trydarthiad.

+ Mae'n rhaid cydosod y cyfarpar dan ddŵr, a dim ond un swigen gaiff fynd i mewn i diwb y potomedr.

+ Torrwch y cyffyn dan ddŵr i sicrhau nad oes swigod yn mynd i mewn i'r sylem ac yn tarfu ar y llif trydarthol.
+ Gwnewch yn siŵr bod pob uniad yn y cyfarpar yn aerglos. Gallwch chi wneud hyn drwy sicrhau bod pob uniad wedi'i gysylltu'n dynn a thrwy rwbio jeli petroliwm o'u cwmpas nhw.
+ Mae'n rhaid cadw'r dail yn sych.
+ I fesur cyfradd trydarthu, cofnodwch y pellter mae'r swigen yn ei symud mewn amser penodol. Yna, gallwch chi ddefnyddio'r gronfa i anfon y swigen yn ôl i'r man cychwyn.
+ Newidiwch un newidyn i ddangos ei effaith ar gyfradd trydarthu, er enghraifft tymheredd. Gwnewch yn siŵr

eich bod chi'n rheoli pob newidyn arall sy'n effeithio ar gyfradd trydarthu.
+ Dau newidyn arall i'w rheoli yw arwynebedd arwyneb y ddeilen a dwysedd y stomata ar y ddeilen (faint sy'n bresennol ym mhob uned arwynebedd). Bydd nifer mwy o stomata yn arwain at gynnydd yn y gyfradd trydarthu. Gallwn ni reoli'r ddau ffactor hyn drwy sicrhau bod yr un cyffyn yn cael ei ddefnyddio ar gyfer pob ailadroddiad yn yr ymchwiliad. Gallwn ni fesur arwynebedd arwyneb ochr isaf y dail a'i ddefnyddio i gyfrifo cyfaint y dŵr sy'n llifo i mewn (cm³) i bob uned arwynebedd y ddeilen (cm²).

Sgiliau mathemategol

Gallwn ni ddefnyddio'r pellter mae'r swigen yn ei symud mewn amser penodol i gyfrifo cyfradd ymlifiad dŵr. Yn gyntaf, cyfrifwch gyfaint y dŵr gan ddefnyddio'r fformiwla ar gyfer cyfaint silindr (gan fod y dŵr wedi symud ar hyd tiwb silindrog). Yn yr achos hwn, mae diamedr y tiwb capilari yn 1.0 mm ac mae'r swigen wedi symud 4.3 cm (43 mm).

Rydyn ni'n cyfrifo cyfaint silindr fel hyn:

cyfaint silindr = arwynebedd un pen crwn × hyd

arwynebedd pen crwn = πr^2

$r = \dfrac{\text{diamedr}}{2} = \dfrac{1.0}{2} = 0.5$

arwynebedd = $\pi \times 0.5^2 = 0.79\,mm^2$

cyfaint = $0.79 \times 43 = 34\,mm^3$

I gyfrifo'r gyfradd, rhannwch y cyfaint hwn â'r amser mae'r swigen yn ei gymryd i symud y pellter. Gan dybio bod hyn yn cymryd 11 munud, byddai'r gyfradd yn:

$\dfrac{34}{11} = 3.1\,mm^3\,mun^{-1}$

Mae angen cydran cyfaint a chydran amser ar gyfer unedau cyfradd. Yn yr achos hwn, mae'r cyfaint mewn mm³ ac mae'r amser mewn munudau, sy'n rhoi mm³ mun⁻¹.

Cwestiynau ymarfer

2 Mewn ymchwiliad i drydarthiad, mae'r swigen yn nhiwb capilari'r potomedr yn symud 5.6 cm mewn awr. Mae diamedr y tiwb capilari yn 0.5 cm ac mae cyfanswm arwynebedd dail y cyffyn yn 48 cm². Cyfrifwch y gyfradd trydarthu mewn mm³ mun⁻¹ cm⁻². Tybiwch fod $\pi = 3.14$.

3 Mae ymchwiliad dilynol yn cael ei gynnal ar dymheredd uwch. Awgrymwch sut byddai cyfradd trydarthu yn newid.

Mae angiosbermau yn addasu i amodau amgylcheddol

Mae hydroffytau, mesoffytau a seroffytau yn blanhigion sydd wedi addasu i amgylcheddau â gwahanol symiau o ddŵr ar gael.

Mae seroffytau wedi addasu i amgylcheddau heb lawer o ddŵr

ADOLYGU ●

Mae moresg yn enghraifft o seroffyt. Mae gan ddeilen moresg nifer o addasiadau i leihau colledion dŵr o'r stomata drwy gyfrwng trydarthiad (Ffigur 9.23):

+ Mae dail wedi'u rholio yn dal anwedd dŵr yn agos at y ddeilen ac yn lleihau'r arwynebedd arwyneb i golli dŵr oddi arno.
+ Mae blew yn dal haen o aer llaith o gwmpas y ddeilen, gan leihau'r graddiant tryledu ac felly leihau colled dŵr.
+ Stomata suddedig – stomata mewn mân-bantiau sy'n dal aer llaith o gwmpas y stomata – lleihau'r graddiant trylediad.
+ Mae llai o stomata yn lleihau colledion dŵr drwy drydarthu.
+ Mae cwtigl trwchus yn lleihau colledion dŵr drwy anweddu.

> **Seroffyt** Planhigyn sydd wedi addasu i amgylchedd heb lawer o ddŵr.

103

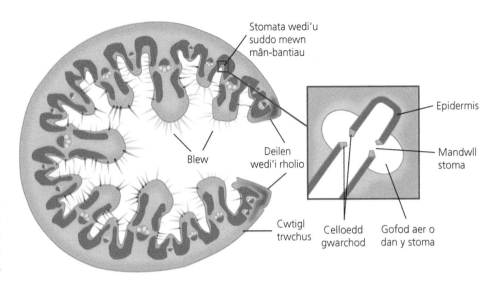

Stomata wedi'u suddo mewn mân-bantiau

Epidermis

Mandwll stoma

Blew

Deilen wedi'i rholio

Cwtigl trwchus

Celloedd gwarchod

Gofod aer o dan y stoma

Ffigur 9.23 Toriad ardraws drwy foresg

Mae hydroffytau wedi addasu i fyw mewn amodau dyfrol

ADOLYGU

Mae lili'r dŵr yn enghraifft o hydroffyt. Mae'n dangos nifer o addasiadau i'w hamgylchedd:

✚ Gofodau aer mawr yn y dail – mae'r rhain yn galluogi'r ddeilen i arnofio ar arwyneb y dŵr, gan gasglu cymaint â phosibl o olau ar gyfer ffotosynthesis.
✚ Stomata ar ochr uchaf y ddeilen – mae hyn yn caniatáu cyfnewid nwyon â'r aer.
✚ Sylem heb ddatblygu'n dda – mae'r holl ddŵr sydd o gwmpas y planhigyn yn golygu nad yw cludo dŵr o gwmpas y planhigyn yn effeithiol mor bwysig ag y mae mewn planhigion eraill. Does dim angen i'r sylem ddarparu cynhaliad ychwaith, gan fod y dŵr yn gwneud hyn.

> **Hydroffyt** Planhigyn sydd wedi addasu i fyw mewn amodau dyfrol.
>
> **Mesoffyt** Planhigyn sydd wedi addasu i swm cymedrol o ddŵr.

Mae mesoffytau wedi addasu i swm cymedrol o ddŵr

ADOLYGU

Mae mesoffytau wedi addasu i beth bydden ni'n ei ystyried yn swm 'normal' o ddŵr. Un o addasiadau rhai mesoffytau yw colli eu dail yn ystod y gaeaf. Mae hyn yn lleihau colledion dŵr drwy gyfrwng trydarthiad yn ystod y gaeaf ac yn caniatáu i'r planhigion arbed dŵr. Mae hefyd yn lleihau difrod i'r planhigyn sy'n gallu digwydd dros y gaeaf os yw hi'n rhewi.

Trawsleoliad yw cludiant cynhyrchion ffotosynthesis

Mae trawsleoliad yn digwydd yn y ffloem

ADOLYGU

Mae trawsleoliad yn cludo cynhyrchion ffotosynthesis o'r ffynhonnell (safle ffotosynthesis) i'r suddfan (lle maen nhw'n cael eu defnyddio neu eu storio).

Mae cynhyrchion ffotosynthesis yn cynnwys swcros ac asidau amino. Mae'r rhain yn cael eu cludo mewn celloedd tiwb hidlo, sy'n gelloedd byw heb gnewyllyn nac organynnau. Maen nhw wedi'u gwahanu oddi wrth ei gilydd gan blatiau hidlo. Hefyd, mae plasmodesmata yn eu cysylltu nhw â chymargelloedd, sy'n cyflenwi maetholion i'r tiwbiau hidlo (Ffigur 9.24).

> **Trawsleoliad** Symudiad cynhyrchion ffotosynthesis o'r ffynhonnell i'r suddfan drwy'r ffloem.

Gallwch chi wirio eich atebion yma: **www.hoddereducation.co.uk/fynodiadauadolygu**

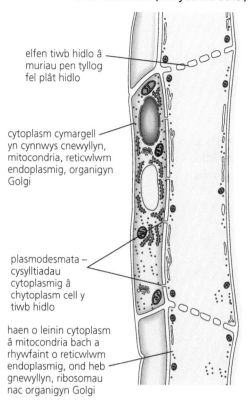

toriad hydredol drwy gymargell ac elfen tiwb hidlo (chwyddhad uchel)

elfen tiwb hidlo â muriau pen tyllog fel plât hidlo

cytoplasm cymargell yn cynnwys cnewyllyn, mitocondria, reticwlwm endoplasmig, organigyn Golgi

plasmodesmata – cysylltiadau cytoplasmig â chytoplasm cell y tiwb hidlo

haen o leinin cytoplasm â mitocondria bach a rhywfaint o reticwlwm endoplasmig, ond heb gnewyllyn, ribosomau nac organigyn Golgi

Ffigur 9.24 Meinwe ffloem

Mae nifer o ymchwiliadau wedi datblygu ein dealltwriaeth o drawsleoliad

ADOLYGU

Mewn arbrofion cylchu, rydyn ni'n tynnu haen allanol coesyn

Yr haen allanol sy'n cynnwys y ffloem, felly rydyn ni'n tynnu hon i ffwrdd, ond mae'r sylem mewnol yn dal i fod yno. Mae hyn yn golygu bod dŵr yn dal i allu symud i fyny'r planhigyn. Dydy'r cynhyrchion ffotosynthesis ddim yn gallu symud trwy'r rhan gylchog lle mae'r ffloem wedi'i dynnu. Mae hyn yn golygu eu bod nhw'n cronni uwchben ac o dan safle'r cylch, gan greu chwyddau. Mae hyn yn rhoi tystiolaeth bod cynhyrchion ffotosynthesis yn cael eu cludo i fyny ac i lawr y ffloem.

Mae gên-rannau pryfed gleision yn treiddio i ddiwbiau hidlo'r ffloem ac yn echdynnu'r nodd

Mae pryfed gleision yn bwydo ar y nodd, sy'n cael ei gludo yn y ffloem. Mae eu gên-rannau (styletau) yn llawer mwy manwl gywir na bodau dynol yn defnyddio chwistrell i echdynnu'r nodd. Mae'r styletau hefyd yn cynnwys ensymau sy'n atal y gên-rannau rhag cael eu blocio gan y nodd o'r ffloem. Yna, gallwn ni ymchwilio i'r nodd i ganfod beth sydd ynddo.

Gallwn ni gyflenwi $^{14}CO_2$ ymbelydrol i blanhigion

Mae'r ^{14}C ymbelydrol yn cael ei ymgorffori yng nghynhyrchion ffotosynthesis. Yna, caiff y rhain eu cludo yng nghelloedd y tiwb hidlo. Pan gaiff y planhigyn ei roi ar ffilm ffotograffig wedyn, bydd y mannau ymbelydrol (sy'n cynnwys ^{14}C) yn tywyllu'r ffilm ffotograffig; awtoradiograff yw hwn. Mae'r awtoradiograff yn dangos y mannau y mae'r cynhyrchion ffotosynthetig sy'n cynnwys y ^{14}C, wedi cael eu cludo iddynt.

Un o ddamcaniaethau trawsleoliad yw damcaniaeth llif màs

Yn ôl damcaniaeth llif màs, mae cynhyrchion ffotosynthesis yn cael eu cludo'n actif i mewn i diwbiau hidlo'r ffloem yn y ffynhonnell (Ffigur 9.25). Llwytho yw'r enw ar hyn, ac mae'n digwydd drwy'r plasmodesmata. Mae llwytho swcros i mewn i'r tiwbiau hidlo yn gostwng y potensial dŵr yn y tiwbiau hidlo, gan achosi i ddŵr symud i mewn o'r sylem. Mae hyn yn cynyddu'r gwasgedd hydrostatig yn y ffynhonnell ac yn achosi i'r cynhyrchion ffotosynthetig lifo'n oddefol i wasgedd hydrostatig is y suddfan. Yma, caiff cynhyrchion ffotosynthesis eu cludo'n actif allan o'r tiwbiau hidlo (dadlwytho). Mae hyn yn cynyddu'r potensial dŵr yn y ffloem, felly mae dŵr yn gadael y ffloem drwy gyfrwng osmosis i mewn i'r sylem.

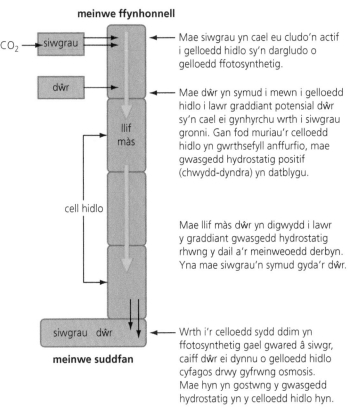

meinwe ffynhonnell

CO_2 → siwgrau

Mae siwgrau yn cael eu cludo'n actif i gelloedd hidlo sy'n dargludo o gelloedd ffotosynthetig.

dŵr

Mae dŵr yn symud i mewn i gelloedd hidlo i lawr graddiant potensial dŵr sy'n cael ei gynhyrchu wrth i siwgrau gronni. Gan fod muriau'r celloedd hidlo yn gwrthsefyll anffurfio, mae gwasgedd hydrostatig positif (chwydd-dyndra) yn datblygu.

llif màs

cell hidlo

Mae llif màs dŵr yn digwydd i lawr y graddiant gwasgedd hydrostatig rhwng y dail a'r meinweoedd derbyn. Yna mae siwgrau'n symud gyda'r dŵr.

siwgrau   dŵr

meinwe suddfan

Wrth i'r celloedd sydd ddim yn ffotosynthetig gael gwared â siwgr, caiff dŵr ei dynnu o gelloedd hidlo cyfagos drwy gyfrwng osmosis. Mae hyn yn gostwng y gwasgedd hydrostatig yn y celloedd hidlo hyn.

Ffigur 9.25 Llif màs

Mae nifer o broblemau gyda'r ddamcaniaeth hon:
+ Dim ond yn y ffynhonnell a'r suddfan byddai angen cymargelloedd ar gyfer cludiant actif; fodd bynnag, maen nhw i'w cael drwy'r feinwe ffloem i gyd.
+ Rydyn ni wedi arsylwi ar gynhyrchion ffotosynthetig yn symud ar gyfraddau gwahanol ac i gyfeiriadau gwahanol yn yr un feinwe.
+ Does dim esboniad o swyddogaeth platiau hidlo, ac a dweud y gwir, maen nhw'n rhwystr i lif cynhyrchion ffotosynthetig.
+ Mae tiwbiau hidlo yn defnyddio ATP ar gyfradd uchel. Gallwn ni atal trawsleoliad drwy ychwanegu atalyddion resbiradol (e.e. cyanid) at y tiwbiau hidlo.

Profi eich hun

PROFI

13 Ar ba dri llwybr y mae dŵr yn symud trwy gortecs y gwreiddyn?
14 Beth yw effaith lleithder uchel ar gyfradd trydarthiad?
15 I ba fathau o amgylchedd y mae seroffytau wedi addasu?
16 Pam rydyn ni'n defnyddio pryfed gleision mewn ymchwiliadau i drawsleoliad?

Gallwch chi wirio eich atebion yma: **www.hoddereducation.co.uk/fynodiadauadolygu**

Crynodeb

Dylech chi allu:

+ Esbonio sut mae systemau fasgwlar mwydod, pryfed, pysgod a mamolion yn debyg ac yn wahanol i'w gilydd.
+ Disgrifio system cylchrediad gwaed mamolion, gan gynnwys y galon a'r pibellau gwaed.
+ Disgrifio'r gylchred gardiaidd, y newidiadau gwasgedd yn y galon, y gweithgarwch trydanol yn y galon ac olinau ECG.
+ Disgrifio swyddogaeth celloedd coch y gwaed a'r plasma.
+ Esbonio siâp y gromlin ddaduniad ocsigen, gan gynnwys y symudiadau sy'n digwydd mewn haemoglobin lama, lygwn a ffoetws.

+ Esbonio'r syfliad clorid.
+ Esbonio sut mae hylif meinweol yn ffurfio.
+ Disgrifio adeiledd gwreiddyn deugotyledon.
+ Esbonio sut mae dŵr yn cael ei amsugno gan y gwreiddyn ac yn teithio ar draws y gwreiddyn i'r sylem.
+ Disgrifio adeiledd meinwe sylem.
+ Esbonio sut mae hydroffytau, mesoffytau a seroffytau wedi addasu i'w hamgylcheddau.
+ Disgrifio adeiledd meinwe ffloem.
+ Esbonio proses trawsleoliad, gan gynnwys tystiolaeth arbrofol a'r model llif màs.

Cwestiynau enghreifftiol

1 Mewn cnawdnychiad myocardiaidd, mae rhydweli goronaidd yn cael ei blocio gan achosi i ddarn o gyhyr cardiaidd y galon farw. Mae hyn yn golygu nad yw'r don o gyffroad yn gallu mynd trwy'r cyhyr cardiaidd mwyach ac nad yw'n gallu cyfangu.

  a Esboniwch beth fydd yn digwydd i'r gwasgedd yn y rhydweli goronaidd yn union cyn i'r cnawdnychiad myocardiaidd ddigwydd. [1]

  b Os yw cnawdnychiad myocardiaidd yn digwydd yn apig y fentriglau, mae hyn yn llawer mwy difrifol nag os yw'n digwydd ar ymyl allanol yr atriwm chwith. Esboniwch pam. [4]

Mae cnawdnychiad myocardiaidd yn gallu arwain at nam ar y gwahanfur fentriglaidd, lle mae twll yn ymddangos yn y gwahanfur.

  c Esboniwch sut mae'r cyflwr hwn yn effeithio ar feinweoedd y corff. [2]

Mae oedema yn digwydd pan gaiff hylif ei gadw yn y corff. Gall oedema ysgyfeiniol ddigwydd o ganlyniad i gnawdnychiad myocardiaidd.

  ch Esboniwch beth yw ystyr oedema ysgyfeiniol ac awgrymwch pam mae'n digwydd. [2]

  d Mae oedema hefyd yn gallu digwydd yn yr aelodau (*limbs*) pan mae parasit yn dodwy ei wyau mewn pibellau gwaed ac yn eu blocio nhw. Esboniwch beth sy'n achosi'r cyflwr hwn. [2]

2 Pan mae gwenwyn metabolaidd sy'n atal resbiradaeth rhag digwydd yn cael ei ychwanegu at wahanol rannau o'r gwreiddyn, mae nifer o wahanol effeithiau i'w gweld.

  a Esboniwch yn llawn beth yw effaith ychwanegu gwenwyn metabolaidd at:

    i y celloedd gwreiddflew [2]

    ii yr endodermis [2]

    iii y celloedd o gwmpas y sylem (y periseicl) [3]

Mae *Phlomobacter fragariae* yn bathogenau sy'n symud trwy feinwe fasgwlar planhigion. Gallwn ni weld y pathogen uwchben ac o dan safle'r heintiad cychwynnol.

  b Awgrymwch pa feinwe fasgwlar y mae'r pathogen yn symud ynddi, ac esboniwch eich ateb. [2]

Mae organebau yn defnyddio amrywiaeth o addasiadau ar gyfer maethiad

Mae organebau awtotroffig yn defnyddio moleciwlau anorganig syml i gynhyrchu glwcos

ADOLYGU

Mae planhigion yn enghraifft o organebau awtotroffig oherwydd eu bod nhw'n cyflawni ffotosynthesis, gan ddefnyddio carbon deuocsid a dŵr (moleciwlau anorganig syml) i gynhyrchu glwcos (cyfansoddyn organig cymhleth). Mae planhigion yn organebau ffototroffig oherwydd eu bod yn defnyddio golau fel ffynhonnell egni i syntheseiddio'r moleciwlau organig cymhleth.

Mae cemoawtotroffau yn defnyddio egni o adweithiau cemegol i syntheseiddio moleciwlau organig cymhleth. Er enghraifft, mae bacteria cemoawtotroffig yn byw mewn agorfeydd hydrothermol.

> **Awtotroffig** Defnyddio moleciwlau anorganig syml i syntheseiddio moleciwlau organig cymhleth.
>
> **Ffototroffig** Defnyddio egni golau i syntheseiddio moleciwlau organig cymhleth.
>
> **Cemoawtotroffig** Defnyddio egni o adweithiau cemegol i syntheseiddio moleciwlau organig cymhleth.

Mae organebau heterotroffig yn bwyta moleciwlau organig cymhleth

ADOLYGU

Mae'r moleciwlau organig cymhleth mewn awtotroffau yna'n cael eu bwyta gan organebau heterotroffig a'u hydrolysu i wneud moleciwlau hydawdd sy'n cael eu hamsugno a'u cymathu. Mae holosöig, saprotroffig a pharasitig yn enghreifftiau o faethiad heterotroffig:

+ Mae maethiad holosöig yn golygu treulio sylweddau bwyd yn fewnol, ac mae'n cynnwys amlyncu, treulio, amsugno, cymathu a charthu:
    + Amlyncu – cymryd bwyd i mewn drwy'r geg.
    + Treulio – torri moleciwlau bwyd mawr anhydawdd i lawr yn foleciwlau llai, hydawdd.
    + Amsugno – caiff cynhyrchion y broses dreulio eu hamsugno trwy fur y coludd.
    + Cymathu – celloedd yn y corff yn defnyddio cynhyrchion treulio.
    + Carthu – cael gwared ar fwyd heb ei dreulio o'r coludd.
    Mae bodau dynol yn enghraifft o ymborthwyr holosöig.
+ Mae maethiad saprotroffig (sydd hefyd yn cael ei alw'n faethiad saprobiotig) yn golygu secretu ensymau ar sylweddau bwyd, fel bod y broses dreulio yn digwydd yn allanol. Yna, caiff y cynhyrchion treulio eu hamsugno. Mae ffyngau yn enghreifftiau o organebau saprotroffig.
+ Mae parasitedd yn fath o faethiad heterotroffig lle mae parasit yn byw ar organeb letyol neu y tu mewn iddi. Mae'r parasit yn bwydo ar yr organeb letyol ac yn achosi niwed iddi.

> **Heterotroffig** Yn bwyta ac yn hydrolysu moleciwlau organig cymhleth i ffurfio moleciwlau hydawdd.
>
> **Holosöig** Yn amlyncu bwyd ac yna'n ei dreulio'n fewnol.
>
> **Saprotroffig** Yn secretu ensymau treulio i dreulio'n allanol ac yna'n amsugno'r cynhyrchion.

Cyngor

Wrth nodi modd maethiad organebau, byddwch mor benodol â phosibl. Er enghraifft, dywedwch fod organeb yn holosöig yn hytrach na dim ond dweud ei bod hi'n heterotroffig.

Profi eich hun

PROFI

1 Pam rydyn ni'n ystyried bod planhigion yn organebau awtotroffig?
2 Pa fathau o organeb sy'n defnyddio egni o adweithiau cemegol i syntheseiddio moleciwlau organig cymhleth?
3 Pa fath o faethiad heterotroffig sy'n cynnwys treulio allgellol?
4 Diffiniwch faethiad holosöig.

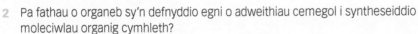
Gallwch chi wirio eich atebion yma: **www.hoddereducation.co.uk/fynodiadauadolygu**

Mae organebau ungellog, fel yr amoeba, yn cymryd maetholion i mewn ar draws eu pilen blasmaidd

Mewn amoeba, mae maetholion fel ocsigen a glwcos yn symud i mewn i'r gell drwy gyfrwng trylediad, trylediad cynorthwyedig a chludiant actif. Mae moleciwlau bwyd mawr yn gallu mynd i mewn drwy gyfrwng endocytosis (Ffigur 10.1). Mae'r bwyd yn mynd i mewn i wagolyn bwyd. Mae lysosomau yn asio â'r gwagolyn hwn ac yn rhyddhau ensymau treulio i mewn iddo, gan hydrolysu'r moleciwlau bwyd. Gall ecsocytosis ryddhau gwastraff sydd ddim yn gallu cael ei dreulio.

Gan fod y treulio'n digwydd y tu mewn i gell amoeba, rydyn ni'n ei alw'n dreulio mewngellol.

> **Cysylltiadau**
>
> Mae lysosomau yn fesiglau sy'n cynnwys ensymau hydrolytig ac yn cael eu cynhyrchu gan organigyn Golgi.

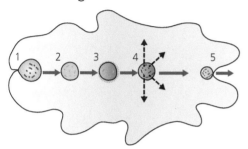

Ffigur 10.1 Treulio mewngellol mewn amoeba

Mae gan organebau amlgellog amrywiaeth o addasiadau yn eu coludd

Mae gan organebau syml fel *Hydra* goludd tebyg i goden, sydd ddim wedi gwahaniaethu ac sy'n cynnwys un agoriad i dderbyn bwyd a chael gwared ar wastraff (Ffigur 10.2).

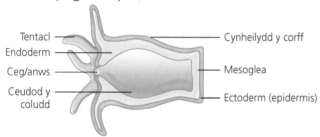

Tentacl — Cynheilydd y corff
Endoderm
Ceg/anws — Mesoglea
Ceudod y coludd — Ectoderm (epidermis)

Ffigur 10.2 Toriad drwy *Hydra,* yn dangos coludd tebyg i goden

Mae organebau mwy datblygedig â deiet amrywiol wedi esblygu coludd tiwb â dau agoriad. Mae'r coludd wedi'i rannu'n adrannau gwahanol sydd wedi arbenigo ar gyfer swyddogaethau gwahanol. Mae'r coludd dynol yn enghraifft o'r math hwn o goludd. Mae wedi addasu ar gyfer deiet hollysol, sy'n cynnwys defnydd planhigol ac anifeiliaid.

Mae mur y coludd dynol wedi'i rannu'n bum adran

Mae mur y coludd dynol yn cynnwys yr adrannau canlynol:
+ Serosa – yr haen allanol, sy'n diogelu'r coludd ac yn lleihau ffrithiant yn erbyn organau eraill yn ystod peristalsis.
+ Haenau cyhyr – gan gynnwys cyhyrau crwn mewnol a chyhyrau hydredol allanol. Cyfangiadau'r cyhyrau hyn yn ystod peristalsis sy'n gwthio bwyd drwy'r coludd.

+ Isfwcosa – yn cynnwys pibellau gwaed a phibellau lymff i gludo cynhyrchion treulio. Mae hefyd yn cynnwys nerfau, sy'n cyd-drefnu cyfangiadau cyhyrol peristalsis.
+ Mwcosa – yn cynnwys chwarennau sy'n secretu sudd gastrig.
+ Epitheliwm – secretu suddion treulio ac amsugno cynhyrchion treulio.

Mae gan y coludd dynol nifer o adrannau sydd wedi addasu ar gyfer gwahanol swyddogaethau

Mae Ffigur 10.3 yn dangos adrannau'r coludd dynol.

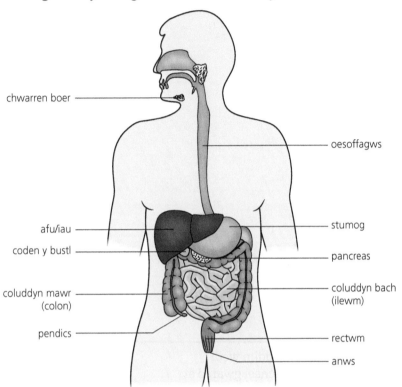

chwarren boer

oesoffagws

afu/iau

stumog

coden y bustl

pancreas

coluddyn mawr (colon)

coluddyn bach (ilewm)

pendics

rectwm

anws

Ffigur 10.3 Y system dreulio ddynol

Mae'r ceudod bochaidd (y geg) wedi addasu i amlyncu (cymryd bwyd i mewn) a threulio mecanyddol. Mae'r dannedd a'r tafod yn torri'r bwyd yn ddarnau, er mwyn gallu ei lyncu a chynyddu'r arwynebedd arwyneb i ensymau allu ei dreulio'n gemegol. Mae'r chwarennau poer yn cynhyrchu poer, sy'n cael ei gymysgu â'r bwyd yn y geg. Mae'r poer yn iro'r bwyd i'w lyncu ac mae hefyd yn cynnwys amylas poerol.

Mae'r oesoffagws yn cludo bwyd i lawr o'r geg i'r stumog. Mae bwyd yn cael ei symud i lawr yr oesoffagws gan gyfangiadau cyd-drefnol cyhyrol peristalsis.

Mae'r stumog yn cynnwys asid hydroclorig, sy'n lladd micro-organebau yn y bwyd. Mae'r chwarennau yn y stumog yn secretu sudd gastrig, sy'n cynnwys mwcws a'r ensym pepsin. Mae'r mwcws yn diogelu leinin y stumog rhag asid ac ensymau. Mae cyfangiadau'r stumog hefyd yn bwysig i dreulio mecanyddol.

Ar ôl gadael y stumog, mae'r bwyd yn mynd i ran gyntaf y coluddyn bach, sef y dwodenwm. Mae deiet hollysol bod dynol yn golygu bod angen nifer o wahanol ensymau i dreulio ei fwyd. Mae'r ensymau hyn yn cael eu cyflenwi gan y sudd pancreatig, sy'n cael ei secretu gan y pancreas ac yn teithio trwy'r ddwythell bancreatig i'r dwodenwm. Mae'r sudd pancreatig yn cynnwys amylas pancreatig, trypsinogen a lipas. Mae halwynau bustl yn cael eu cynhyrchu yn yr afu/iau a'u storio yng nghoden y bustl. Yna maen nhw'n mynd i'r dwodenwm drwy ddwythell y bustl, lle maen nhw'n actif. Mae'r halwynau bustl yn alcalïaidd ac yn niwtralu pH asidig y bwyd sy'n dod o'r stumog.

Gallwch chi wirio eich atebion yma: **www.hoddereducation.co.uk/fynodiadauadolygu**

Ail ran y coluddyn bach yw'r ilewm. Mae wedi'i addasu ar gyfer amsugniad (Ffigur 10.4). Yn ogystal â bod yn hir, mae ganddo filysau i gynyddu'r arwynebedd arwyneb ar gyfer amsugno. Mae gan gelloedd epithelaidd yr ilewm ficrofili i gynyddu'r arwyneb amsugno eto, a llawer o fitocondria i ddarparu ATP ar gyfer cludiant actif. Mae gan yr ilewm hefyd rwydwaith datblygedig o gapilarïau a lactealau i gludo cynhyrchion treulio, yn ogystal â rhwydwaith eang o nerfau i gyd-drefnu peristalsis.

Cyngor

Byddwch yn benodol wrth ysgrifennu atebion am y coluddyn bach. Mewn arholiad blaenorol, doedd rhai disgyblion ddim yn nodi ilewm neu ddwodenwm, ond yn sôn am y 'coluddyn bach'. Doedd hyn ddim yn ennill marc.

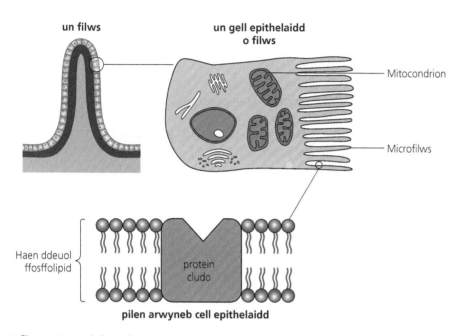

Ffigur 10.4 Leinin yr ilewm

Yna, mae'r bwyd sydd heb ei dreulio yn symud i'r colon lle mae mwy o amsugno yn digwydd. Mae dŵr a halwynau mwynol yn cael eu hamsugno, ynghyd â fitaminau sydd wedi'u cynhyrchu gan facteria cydymddibynnol o'r coludd. Mae'r bwyd sydd heb ei dreulio nawr yn ymgarthion. Caiff y rhain eu storio yn y rectwm cyn cael eu carthu allan drwy'r anws.

Mae angen ensymau ac amodau gwahanol i dreulio bwyd

Ensymau treulio sy'n hydrolysu carbohydradau yw carbohydrasau

Mae amylas yn hydrolysu startsh a glycogen i ffurfio maltos. Mae dau fath o amylas.
+ Mae amylas poerol i'w gael yn y poer ac mae'n actif yn y geg.
+ Mae amylas pancreatig yn cael ei gynhyrchu yn y pancreas ac mae'n actif yn y dwodenwm.

Mae'r maltos sydd wedi'i gynhyrchu gan amylas yna'n cael ei hydrolysu gan faltas i ffurfio alffa glwcos.

Mae lactos yn cael ei hydrolysu gan lactas i ffurfio glwcos a galactos, ac mae swcros yn cael ei hydrolysu gan swcras i ffurfio glwcos a ffrwctos.

111

Mae proteasau yn gallu bod yn endopeptidasau neu'n ecsopeptidasau

ADOLYGU

Mae endopeptidasau yn hydrolysu bondiau peptid rhwng asidau amino penodol yn y gadwyn polypeptid. Rydyn ni'n galw'r rhain yn fondiau annherfynol oherwydd eu bod nhw oddi mewn i'r moleciwl, nid ar ddau ben y moleciwl. Mae hyn yn arwain at ffurfio cadwynau polypeptid byrrach o'r enw peptidau.

Mae ecsopeptidasau yn hydrolysu bondiau peptid terfynol (pen) peptidau, gan gynhyrchu asidau amino. Maen nhw'n gweithredu o ben carbocsyl rhydd neu o ben amino rhydd y polypeptid.

I atal y proteasau rhag treulio unrhyw feinweoedd wrth iddyn nhw gael eu secretu, maen nhw'n cael eu cynhyrchu ar ffurf anactif yn gyntaf. Mae pepsin yn endopeptidas sy'n cael ei secretu gan y chwarennau gastrig yn y stumog. Mae'n cael ei secretu ar ffurf anactif o'r enw pepsinogen. Mae trypsin yn endopeptidas sy'n cael ei secretu gan y pancreas. Mae'n cael ei secretu ar ffurf anactif o'r enw trypsinogen.

Er mwyn iddyn nhw allu gweithredu, mae'n rhaid actifadu pepsin a thrypsin. Yr asid hydroclorig yn y stumog sy'n actifadu pepsinogen i ffurfio pepsin. Mae trypsinogen yn symud trwy'r ddwythell bancreatig i'r dwodenwm, lle mae'n cael ei actifadu gan yr ensym enterocinas i ffurfio trypsin.

Endopeptidas Ensym sy'n hydrolysu bondiau peptid rhwng asidau amino yn y gadwyn polypeptid.

Ecsopeptidas Ensym sy'n hydrolysu bondiau peptid terfynol moleciwl peptid.

Cyngor

Gwnewch yn siŵr eich bod yn gallu esbonio'r gwahaniaeth rhwng sut mae endopeptidasau ac ecsopeptidasau yn gweithio.

Mae lipas pancreatig yn hydrolysu triglyseridau

ADOLYGU

Mae lipas yn hydrolysu triglyseridau i ffurfio asidau brasterog a glyserol. Mae'r bustl yn y dwodenwm yn emwlsio'r globylau lipid, gan gynyddu'r arwynebedd arwyneb i lipas weithio arno.

Gweithgaredd adolygu

Crëwch dabl crynodeb i roi manylion am swyddogaethau'r ensymau sydd wedi'u henwi uchod a'r mannau lle maen nhw'n cael eu cynhyrchu ac yn gweithredu. Mae tabl enghreifftiol i'w weld isod.

Ensym	Swbstrad	Cynhyrchion	Safle cynhyrchu	Safle gweithredu

Mae celloedd epithelaidd yr ilewm yn amsugno cynhyrchion treulio

ADOLYGU

+ Mae asidau amino yn cael eu hamsugno i'r celloedd epithelaidd drwy gyfrwng cludiant actif. Yna, mae'r asidau amino yn symud drwy gyfrwng trylediad cynorthwyedig i mewn i'r capilariïau (Ffigur 10.5).
+ Mae glwcos a monosacaridau eraill yn cael eu hamsugno i mewn i gelloedd epithelaidd drwy gyfrwng cyd-gludiant gyda Na^+. Yna, maen nhw'n symud drwy gyfrwng trylediad cynorthwyedig i mewn i'r capilariïau.
+ Mae'r glwcos a'r asidau amino yn symud trwy system cylchrediad y gwaed ac i mewn i'r afu/iau drwy'r wythïen bortal hepatig.
+ Mae asidau brasterog a glyserol yn tryledu trwy haen ddeuol y ffosffolipid (gan eu bod nhw'n hydawdd mewn lipidau) i mewn i'r celloedd epithelaidd. Yna, mae'r asidau brasterog a glyserol yn ailffurfio triglyseridau. Mae'r triglyseridau hyn yn tryledu i mewn i'r lacteal. Yna, mae'r system lymffatig yn eu cludo nhw i'r gwaed.

Gallwch chi wirio eich atebion yma: www.hoddereducation.co.uk/fynodiadauadolygu

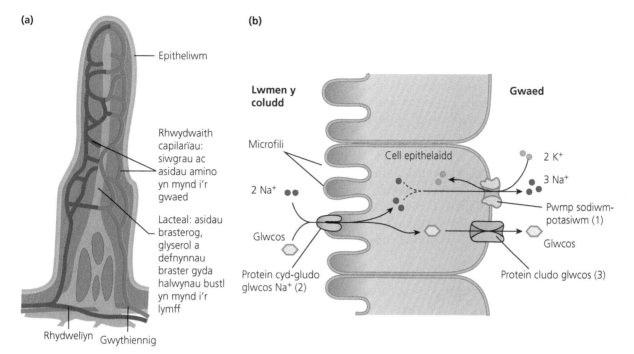

(a)
- Epitheliwm
- Rhwydwaith capilarïau: siwgrau ac asidau amino yn mynd i'r gwaed
- Lacteal: asidau brasterog, glyserol a defnynnau braster gyda halwynau bustl yn mynd i'r lymff
- Rhydwelïyn
- Gwythiennig

(b)
- Lwmen y coludd
- Gwaed
- Microfili
- Cell epithelaidd
- 2 K$^+$
- 3 Na$^+$
- 2 Na$^+$
- Pwmp sodiwm-potasiwm (1)
- Glwcos
- Protein cyd-gludo glwcos Na$^+$ (2)
- Glwcos
- Protein cludo glwcos (3)

Ffigur 10.5 Amsugno cynhyrchion treuliad yn yr ilewm: (a) trawstoriad drwy filws; (b) cyd-gludiant glwcos

Profi eich hun

PROFI ○

5 Sut mae coludd *Hydra* yn wahanol i goludd organeb fwy cymhleth?
6 Ble mae treulio cemegol lipidau yn dechrau?
7 Sut mae endopeptidas yn wahanol i ecsopeptidas?
8 Sut mae'r ilewm wedi addasu i amsugno cynhyrchion treulio?

Cysylltiadau

Mae'r asidau amino sy'n gynhyrchion treulio yn cael eu cydosod yn ystod trosiad yn y ribosom, i greu cadwynau polypeptid penodol sy'n ffurfio'r proteinau sydd eu hangen ar fodau dynol.

Mae gan organebau ddeintiad a choluddion sydd wedi addasu i'w deiet

Mae llysysyddion yn bwydo ar blanhigion, felly maen nhw wedi addasu i ddeiet sy'n cynnwys llawer o gellwlos

ADOLYGU ○

➕ Mae cellwlos yn anodd ei dreulio. Mae dannedd y llysysydd wedi addasu i falu a chnoi defnydd planhigol i gynyddu arwynebedd arwyneb y bwyd i'w dreulio'n gemegol.

➕ Mae pad corniog gan rai llysysyddion ar yr ên uchaf, ac mae'r blaenddannedd yn torri'r defnydd planhigol yn erbyn hwn. Y tu ôl i hwn mae diastema – y gofod y mae'r defnydd planhigol yn cael ei symud iddo i gael ei gymysgu yn ystod cnoi.

➕ Mae cymalau'r ên yn llac; mae hyn yn caniatáu i'r ên isaf symud o ochr i ochr, sy'n helpu'r cilddannedd sy'n cydgloi i falu'r bwyd.

➕ Mae'r cnoi a malu cyson yn treulio dannedd llysysyddion, felly maen nhw'n tyfu'n barhaus.

Mae anifeiliaid cnoi cil yn grŵp o lysysyddion sy'n cynnwys buchod, geifr a defaid

Mae gan anifeiliaid cnoi cil stumog â phedair siambr (Ffigur 10.6). Mae un o'r siambrau hyn, y rwmen, yn cynnwys bacteria cydymddibynnol, sy'n cynhyrchu cellwlas. Dydy'r anifeiliaid cnoi cil ddim yn cynhyrchu cellwlas eu hunain ac

Rwmen Siambr yng ngholudd anifail cnoi cil sy'n cynnwys bacteria cydymddibynnol.

felly maen nhw'n dibynnu ar y bacteria hyn i dreulio'r cellwlos, sef prif gydran eu deiet.

Yn gyntaf, mae'r anifeiliaid cnoi cil yn cnoi'r glaswellt i ffurfio bolws o fwyd. Mae hyn yn cynyddu'r arwynebedd arwyneb i ensymau weithio arno. Yna, caiff y bolws ei lyncu a'i gymysgu â'r bacteria sy'n treulio cellwlos yn y rwmen. Mae'r bacteria yn treulio'r cellwlos, gan gynhyrchu glwcos. Yna, mae'r bacteria yn resbiradu'r glwcos yn anaerobig gan gynhyrchu asidau organig, yn ogystal â charbon deuocsid a methan.

Mae unrhyw laswellt sydd ar ôl yn cael ei adgyfogi i'r geg a'i gnoi – y cil. Mae hyn eto'n cynyddu'r arwynebedd arwyneb i dreulio mwy o'r cellwlos. Mae'r cil yn symud i'r reticwlwm ac yna i'r omaswm, lle caiff yr asidau organig eu hamsugno i'r gwaed. Nesaf mae'r bwyd yn mynd i'r siambr olaf, sef yr abomaswm. Hon yw'r 'wir stumog'. Yma caiff y bacteria eu lladd a'u treulio, gan ddarparu ffynhonnell protein i'r anifail cnoi cil.

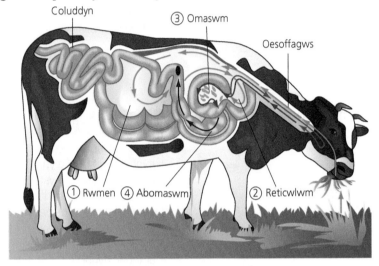

Ffigur 10.6 Anifail cnoi cil gydag adrannau'r stumog wedi'u labelu

Mae deiet cigysyddion yn cynnwys llawer o lipidau a phroteinau

ADOLYGU

+ Mae gan gigysyddion flaenddannedd miniog a dannedd llygad pigfain i dorri a rhwygo cnawd, ac i ladd ysglyfaethau. Mae ganddyn nhw gilddannedd arbenigol hefyd o'r enw cigysddaint sy'n gallu torri cnawd a malu esgyrn (Ffigur 10.7).
+ Mae eu genau cryf yn symud yn fertigol i ddal ysglyfaeth a gafael ynddo.
+ Mae gan gigysyddion goludd cymharol fyr oherwydd mai proteinau a lipidau yw'r rhan fwyaf o'u deiet, ac mae'r rhain yn gymharol hawdd i'w treulio o gymharu â defnydd planhigol.

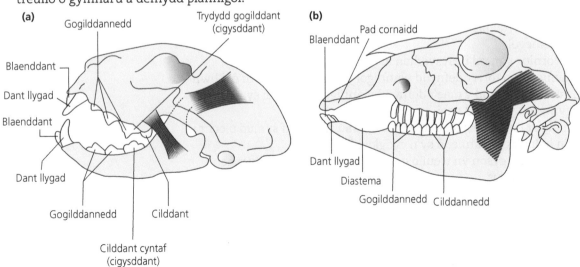

Ffigur 10.7 Penglogau (a) cigysydd a (b) llysysydd

Gallwch chi wirio eich atebion yma: **www.hoddereducation.co.uk/fynodiadauadolygu**

Mae parasitiaid yn cael maetholion o organeb letyol

Mae parasitiaid yn organebau hynod o arbenigol sy'n cael eu maeth ar draul organeb letyol. Dydy'r organeb letyol ddim yn elwa o hyn, ac mae'n aml yn cael ei niweidio.

Mae ectoparasitiaid yn byw ar organeb letyol, ac mae endoparasitiaid yn byw y tu mewn i organeb letyol

ADOLYGU

Mae lleuen y pen *Pediculus* yn ectoparasit. Mae'n bwydo drwy sugno gwaed o groen pen yr organeb letyol. Mae wedi addasu i aros ar yr organeb letyol drwy ddatblygu crafangau sy'n gafael yng ngwallt yr organeb letyol a dodwy wyau sy'n gludo at waelod y gwallt. Mae llau pen yn cael eu trosglwyddo rhwng organebau lletyol wrth i ddau ben gyffwrdd.

Mae'r llyngyren borc *Taenia solium* yn endoparasit (Ffigur 10.8). Mae'r llyngyren lawn dwf yn byw yn y coludd dynol. Y bod dynol yw organeb letyol gynradd y llyngyren. Moch yw organeb letyol eilaidd y llyngyren; dyma lle mae'r ffurf larfa yn datblygu. Caiff bodau dynol eu heintio drwy fwyta porc sydd ddim wedi'i goginio'n iawn ac sy'n cynnwys larfâu byw y llyngyren.

Mae'r coludd dynol yn amgylchedd gelyniaethus i'r llyngyren. Mae'r llyngyren wedi addasu i oroesi yn yr amgylchedd gelyniaethus hwn mewn sawl ffordd:

+ Cwtigl trwchus – i amddiffyn y llyngyren rhag y newidiadau pH eithafol yn y coludd a system imiwnedd yr organeb letyol.
+ Cynhyrchu gwrthensymau – i atal ensymau treulio rhag gweithredu ar y llyngyren.
+ Sgolecs (gên-rannau) – i'r llyngyren gydio ym mur y coludd ac atal peristalsis rhag gwthio'r llyngyren allan o'r coludd.
+ Coludd llai – mae'r llyngyren yn bwydo drwy amsugno maetholion sydd eisoes wedi cael eu treulio gan yr organeb letyol drwy ei chwtigl.
+ Cynhyrchu nifer mawr o wyau – mae hyn yn cynyddu'r siawns o heintio'r organeb letyol eilaidd. Mae'r wyau'n mynd allan yn ymgarthion yr organeb letyol gynradd a byddan nhw'n mynd i'r organeb letyol eilaidd os yw mochyn yn bwyta ymgarthion sy'n cynnwys yr wyau.

> **Ectoparasit** Parasit sy'n byw ar organeb letyol.
>
> **Endoparasit** Parasit sy'n byw y tu mewn i organeb letyol.

(a)
(b)

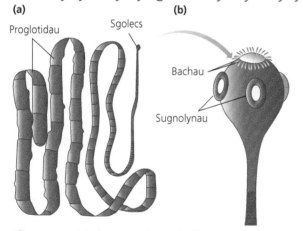

Proglotidau
Sgolecs
Bachau
Sugnolynau

Ffigur 10.8 (a) Llyngyren borc; (b) llun agos o'r sgolecs

Profi eich hun

PROFI

9 Beth yw enw'r gofod y tu ôl i flaenddannedd llysysydd y mae'r defnydd planhigol yn cael ei symud iddo i gael ei gymysgu yn ystod cnoi?

10 Beth yw cigysddaint?

11 Pam mae anifeiliaid cnoi cil yn adgyfogi eu bwyd?

12 Pam rydyn ni'n galw lleuen y pen yn ectoparasit?

Crynodeb

Dylech chi allu:

+ Esbonio beth yw ystyr y termau awtotroffig, heterotroffig, saprotroffig, holosöig a pharasitig.
+ Esbonio proses treulio mewngellol mewn organebau ungellol.
+ Esbonio sut mae organebau amlgellog syml wedi addasu ar gyfer maethiad.
+ Disgrifio addasiadau adrannau gwahanol y coludd dynol.

+ Esbonio sut mae ensymau'n treulio bwyd yn gemegol mewn bodau dynol.
+ Esbonio sut caiff cynhyrchion treulio eu hamsugno.
+ Esbonio sut mae deintiadau cigysyddion a llysysyddion wedi addasu i'w deietau.
+ Esbonio sut mae coludd anifail cnoi cil wedi addasu i dreulio cellwlos.
+ Esbonio sut mae'r llyngyren borc (*Taenia solium*) wedi addasu i oroesi fel parasit yn y coludd dynol.

Cwestiynau enghreifftiol

1 Mae ymchwiliad yn cael ei gynnal i sut mae lipas yn hydrolysu triglyseridau. Mae'r graff yn Ffigur 10.9 yn dangos sut mae pH yr hydoddiant yn newid ar ddau wahanol dymheredd.

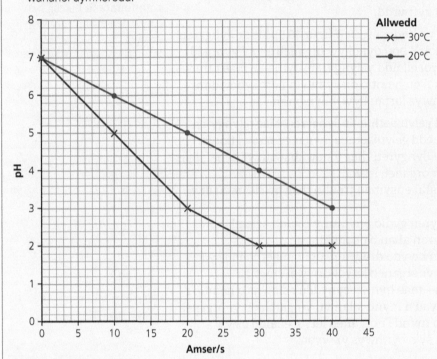

Ffigur 10.9

a Esboniwch pam mae'r pH yn newid yn yr ymchwiliad hwn. [2]

b Esboniwch y canlyniadau sydd i'w gweld yn y graff. [2]

c Un ffordd bosibl o wella'r ymchwiliad hwn fyddai ychwanegu halwynau bustl at y tiwb lle mae'r adwaith yn digwydd. Esboniwch sut mae hyn yn effeithio ar yr adwaith. [2]

ch Disgrifiwch sut mae cynhyrchion treulio lipidau yn cael eu cludo o lwmen yr ilewm i'r gwaed. [4]

2 Mae'r paragraff isod yn disgrifio cylchred bywyd y llyngyren fachog:

Mae larfâu llyngyr bachog yn gallu mynd i mewn i'r organeb letyol ddynol drwy dyrchu drwy'r croen. Yna, maen nhw'n teithio yn system cylchrediad y gwaed i'r ysgyfaint. Maen nhw'n mynd i'r alfeoli ac yn cael eu pesychu i fyny a'u llyncu cyn teithio i'r coluddyn

bach. Yna maen nhw'n cydio ym mur y coluddyn ac yn bwydo ar waed yr organeb letyol. Mae'r llyngyr bachog yn dodwy wyau, sy'n gadael y corff yn yr ymgarthion.

a Pa fath o barasit yw'r llyngyren fachog? [1]

b Nodwch ddwy ffordd y mae llyngyr bachog a llyngyr porc yn debyg i'w gilydd. [2]

c Nodwch ddwy ffordd y mae llyngyr bachog a llyngyr porc yn wahanol i'w gilydd. [2]

ch Mae llyngyr porc yn fwy cyffredin mewn gwledydd ag iechydaeth wael. Esboniwch pam. [1]

d Mae llyngyr y rwmen yn barasitiaid sydd, ar ôl cael eu llyncu, yn symud o'r coluddyn bach i'r rwmen, lle maen nhw'n bwydo. Esboniwch pam nad yw bodau dynol yn gallu cael eu heintio â llyngyr y rwmen ac awgrymwch anifail a allai gael ei heintio. [2]

Gallwch chi wirio eich atebion yma: **www.hoddereducation.co.uk/fynodiadauadolygu**

Term	Diffiniad	Tudalen
Adlyniad	Grym rhwng moleciwlau dŵr a leinin hydroffilig y tiwb sylem	101
Adwaith cyddwyso	Adwaith lle mae dau foleciwl yn cyfuno i ffurfio un moleciwl, fel arfer gan golli moleciwl bach (e.e. dŵr)	10
Adwaith hydrolysis	Adwaith lle mae dŵr yn cael ei fewnosod yn gemegol er mwyn torri bond	10
Asidau niwclëig	Polymerau o niwcleotidau; mae DNA ac RNA yn ddwy enghraifft	50
Atalyddion	Moleciwlau sy'n lleihau gallu ensym i gyflymu adwaith	46
Awtotroffig	Defnyddio moleciwlau anorganig syml i syntheseiddio moleciwlau organig cymhleth	108
Awyru	Symud y cyfrwng resbiradol (e.e. aer, dŵr) dros yr arwyneb resbiradol	78
Bioamrywiaeth	Nifer y rhywogaethau a nifer yr unigolion o bob rhywogaeth mewn amgylchedd penodol	71
Bond peptid	Bond rhwng atom carbon mewn un asid amino ac atom nitrogen mewn un arall	18
Catalysis	Cynyddu cyfradd adwaith cemegol drwy ychwanegu catalydd	40
Cemoawtotroffig	Defnyddio egni o adweithiau cemegol i syntheseiddio moleciwlau organig cymhleth	108
Centromer	Y rhan o'r cromosom sy'n cysylltu'r chwaer-gromatidau	62
Ciasmata	Y mannau lle mae cromosomau homologaidd yn cyfnewid genynnau wrth drawsgroesi	63
Cromosomau homologaidd	Pâr o gromosomau, un mamol (o'r fam) ac un tadol (o'r tad)	60
Cydlyniad	Grym rhwng moleciwlau dŵr	101
Deupeptid	Dau asid amino sydd wedi'u cysylltu â bond peptid	18
Diastole	Y cyhyr cardiaidd yn llaesu	92
Ecsopeptidas	Ensym sy'n hydrolysu bondiau peptid terfynol moleciwl peptid	112
Ectoparasit	Parasit sy'n byw ar organeb letyol	115
Effaith Bohr	Mae cynyddu crynodiad carbon deuocsid yn gostwng affinedd haemoglobin ag ocsigen, sy'n achosi i'r gromlin ddaduniad ocsigen symud i'r dde	96
Endoparasit	Parasit sy'n byw y tu mewn i organeb letyol	115
Endopeptidas	Ensym sy'n hydrolysu bondiau peptid rhwng asidau amino yn y gadwyn polypeptid	112
Ensym	Catalydd biolegol sy'n cyflymu cyfradd adwaith drwy ostwng ei egni actifadu	40
Ensym ansymudol	Ensym sydd wedi'i sefydlogi wrth gynhalydd anadweithiol neu wedi'i ddal mewn matrics	47
Ewcaryot	Organeb y mae ei chelloedd yn cynnwys cnewyllyn ac organynnau eraill sydd wedi'u hamgáu â philen	22
Ffosffolipid	Moleciwl sy'n cynnwys 'pen' glyserol ffosffad hydroffilig a dwy 'gynffon' asid brasterog hydroffobig	30
Ffototroffig	Defnyddio egni golau i syntheseiddio moleciwlau organig cymhleth	108
Heterotroffig	Yn bwyta ac yn hydrolysu moleciwlau organig cymhleth i ffurfio moleciwlau hydawdd	108
Holosöig	Yn amlyncu bwyd ac yna'n ei dreulio'n fewnol	108
Hydroffyt	Planhigyn sydd wedi addasu i fyw mewn amodau dyfrol	104
Hylif meinweol	Plasma heb y proteinau; mae'n cludo moleciwlau sydd wedi hydoddi i'r meinweoedd	97
Hypertonig	Hydoddiant â photensial dŵr is	34
Hypotonig	Hydoddiant â photensial dŵr uwch	34
Isotonig	Hydoddiannau â photensial dŵr sy'n hafal	34

Term	Diffiniad	Tudalen
Llif gwrthgerrynt	Mae dŵr a gwaed yn llifo i gyfeiriad dirgroes i'w gilydd	80
Llif paralel	Mae dŵr a gwaed yn llifo i'r un cyfeiriad	80
Mesoffyt	Planhigyn sydd wedi addasu i swm cymedrol o ddŵr	104
Moleciwl polar	Moleciwl lle mae dosbarthiad y wefr yn anwastad	8
Monomer	Un moleciwl sydd yn uned sy'n ailadrodd mewn polymer	10
Nodweddion analogaidd	Nodweddion tebyg sy'n gwneud yr un swyddogaeth ond sydd ddim wedi esblygu o gyd-hynafiad	70
Nodweddion homologaidd	Nodweddion sydd wedi esblygu o'r un ffurfiad gwreiddiol ond sy'n cyflawni swyddogaethau gwahanol	70
Polymer	Moleciwl mawr sydd wedi'i wneud o unedau sy'n ailadrodd o'r enw monomerau	10
Polymorffedd	Presenoldeb mathau gwahanol o unigolion o fewn rhywogaeth	73
Polypeptid	Tri neu fwy o asidau amino wedi'u cysylltu â bondiau peptid	18
Polysacarid	Tri neu fwy o fonosacaridau wedi'u cysylltu â bondiau glycosidaidd	12
Procaryot	Organeb ungellog sydd heb bilen gnewyllol nac unrhyw organynnau eraill â philen	26
Rhywogaeth	Organebau sy'n gallu rhyngfridio i gynhyrchu epil ffrwythlon	67
Rwmen	Siambr yng ngholudd anifail cnoi cil sy'n cynnwys bacteria cydymddibynnol	113
Saprotroffig	Yn secretu ensymau treulio i dreulio'n allanol ac yna'n amsugno'r cynhyrchion	108
Seroffyt	Planhigyn sydd wedi addasu i amgylchedd heb lawer o ddŵr	103
Systole atrïaidd	Yr atria yn cyfangu	92
Systole fentriglaidd	Y fentriglau yn cyfangu	92
Tiwmor	Màs annormal o feinwe	62
Traceolau	Tiwbiau cul sy'n cludo nwyon i bob meinwe yng nghorff pryfyn; mae cyfnewid nwyon yn digwydd ym mhen pellaf y traceolau	78
Trawsleoliad	Symudiad cynhyrchion ffotosynthesis o'r ffynhonnell i'r suddfan drwy'r ffloem	104
Triglyserid	Tri asid brasterog wedi'u cysylltu â glyserol gan fondiau ester	15